イノシシが泳いできた荒川

三井　元子

本の泉社

はじめに

NPO法人あらかわ学会事務局長

三井　元子

　2024年は、荒川放水路通水100周年記念の年です。

　1910年（明治43年）の東京埼玉大水害をきっかけにして建設が決まった荒川放水路は、全長22㎞、幅約500ｍにも及ぶ大工事となり1924年（大正13年）に岩淵水門が完成して通水式が行われました。その後さらに5年を要してすべての工事が完成しました。

　今では自然の川の風景に近づいてきて、人が掘った川とは思えないといわれるようになりました。また、昭和39年の河川法改正によって上下流共通の名称にすることとなり、「荒川」に代わってしまったため、人が掘った放水路であるという史実も消えかかっているように思います。

　私は、1954年足立区千住の荒川放水路の袂で生まれ、育ち、縁があって1994年の荒川放水路通水70周年事業にかかわったことから、あらかわ学会設立の準備委員会メンバーとなり、今日に至っています。

この度、小・中学生を対象に、荒川放水路の成り立ちや現在を分かりやすく書いてみたらどうかと勧められ「イノシシが泳いできた荒川」を書きました。この中に書かれていることは、物語のような形式をとっていますが、すべてノンフィクションで構成されています。周辺の何人かの方に読んでいただいたところ、「荒川のことがすらすらと頭に入ってきて、とても分かりやすかったので、小中学生だけでなく大人にも読んでもらうと良い」というお声をいただきました。

そこで、二部仕立てにして、第一章でマモル君がインタビューした大人たちを中心に荒川放水路通水100周年「百年の想い100年の未来」を執筆していただき、第二章と致しました。荒川を知り、荒川に親しむことができるよう、本書をお楽しみいただければ幸いです。

推薦のことば

荒川からはばたく子どもたちへ

竹村　公太郎

（たけむら　こうたろう）

❐略歴

1945 年生まれ
日本水フォーラム代表理事及び事務局長
（工学博士）
1970 年東北大学工学部土木工学科
修士課程終了。
建設省に入省。国の行政官として一貫して
「水資源開発」と「洪水対策」行政に従事。
1998 年に河川局長に就任。2002 年に退職。
2006 年、NPO 法人日本水フォーラムの代表理事兼
事務局長に就任し、人事院研修所客員教授兼。
2024 年、100 年後の安心のための TOKYO 強靭化世
界会議 実行委員長

❐著書

「日本文明の謎を解く」「土地の文明」「幸運な文明」
「日本史の謎は『地形』で解ける」（PHP 文庫４部作）
「水力発電が日本を救う」（東洋経済）「浮世絵と地
形で解く江戸の謎」（集英社）など多数。

日本水フォーラムの私たちは多くの国際人と出会い、会話をしています。そこで気が付くことは、真の国際人とは英語を良く話すだけの人ではありません。他の国の方々に向かって語り掛ける内容を持っている人です。語りかける内容とは大それた思想ではありません。自分の故郷のことです。自分が育った故郷を語れる人は、故郷を持った相手も尊重して会話できるのです。

故郷といっても多様です。最も共通している故郷は「水」「川」です。人類共通の命の源は「水」「川」です。命の危険も「水」「川」です。

荒川で育った子どもたち、荒川を愛した子どもたちが大きく世界に羽ばたいていく。この本を読んでいてそのことを心より祈りました。

推薦のことば

―私の荒川論―

松田　芳夫

（まつだ　よしお）

❐略歴

1940 年、東京生まれの東京育ち。

東京大学工学部土木科を卒業後、1964 年に（旧）建設省に入る。

学生時代から河川、海岸に関心が強く建設省でも専ら河川畑を歩き、1990 年（旧）関東地方建設局河川部長を務め、1995 年に河川局長。翌年退職。

長年にわたり公益社団法人日本河川協会の理事の任にあり、2019 ～ 2022 年に会長を務めた。現在同協会参与。

荒川は、信濃川、富士川、荒川と我が国の著名な3つの大河の水源である秩父山地の雄、「甲武信ケ岳《こぶしがたけ》」から始まり、上流部から中流部は埼玉県、下流部は東京都を流れ、東京湾に注いでいます。

水源から河口まで流域の全てが旧「武蔵」の国に属しているので、荒川は「武蔵川」とも呼ばれてもおかしくありません。

江戸時代以前は、利根川が武蔵の東部の低地を南北に貫流し、秩父山地からの荒川、入間川などの諸河川もその支流として取り込んで、最下流は隅田川となって今の東京湾に流入していました。

この状況は数千年という長きにわたって続いて来たのですが、その河川の骨組みを根本的に変えてしまったのが、江戸時代初期に行われた江戸幕府の手になる治水工事です。

この治水工事では、利根川が武蔵を南下して東京湾に流入しているのを変え、新しく東方へ河道を掘削して下総（今の茨城、千葉）へ追いやり、鬼怒川の河道を介して銚子で太平洋に直接流入するようにしました。

この工事は、自然の地形に逆らうものでしたが、武蔵の東部低地の洪水を減少させ、水田開発など農業開発の促進、舟運の利便の向上など利点が大きかったのです。

この治水工事の結果、荒川や入間川など秩父山地からの河川は、従来利根川へ流入していたものがその利根川の支配から脱して独立の水系となり、さらに荒川が入間川に合流されるなどの工事により、秩父山地からの諸河川は今でいう荒川水系に一本化されました。最下流の隅田川は利根川の最下流から荒川の最下流に変わったわけです。

この状況は、明治時代末期まで約３００年にわたり続きましたが、明治43年（１９１０）の荒川、利根川の大水害で埼玉県東部から東京の下町まで浸水したのを機に再び改変されました。荒川を拡幅したくても最下流の隅田川は過密都市で不可能なので、隅田川の最上流部から東京の市街地を大きく迂回し東京湾にまで達する延長22㎞の放水路を掘削しようという大工事が計画されました。

この荒川の放水路工事は大正年間を通じて推進され、関東大震災の翌年の大正13年（１９２４）に通水（新水路に初めて水を流すこと）しました。

大きな水面が生まれたというので地元の人々の格好の水泳場になったようです。

新しく生まれた放水路は当然のこと、昭和30年代までは「荒川放水路」と呼ばれていましたが、「新荒川」と呼ばれた短期間を経て、昭和40年（１９６５）に新しく制定された河川法で荒川が一級河川に指定されてからは、現行の「荒川」となりました。

荒川放水路の成立を記憶している人は少なくなりましたが、２０２４年には通水１００周年の記念イベントが行われます。

一方、高度経済成長期における急速な鉱工業生産の発展と市街地の拡大は河川水質の悪化をもたらし、昭和30年代初めには隅田川でも泳げたというのに、昭和40年代には汚濁が進んでドブ川化し、水が臭くて都市の河川は人々の嫌われ者になってしまいました。

荒川でも状況は似たようなものでした。

しかし、昭和45年（1970）の水質汚濁防止法の制定による廃水規制や下水道整備の促進により河川水質は大幅に改善され、それとともに復活してきた動植物の織りなす河川生態系の重要性が広く認知され、再び人々の関心が河川に戻ってきました。

ここに到るまでにはあまり知られていませんが、「あらかわ学会」など民間のボランティアの人々の長年の努力があったことも見逃せません。

あらかわ学会の企画で再び荒川で泳ごうなどという運動も始まっており、河川へ接近し河川を楽しむ人々が増えてきました。

くり返しになりますが、荒川は水源から河口まで、その流域全てが東京、埼玉すなわち武蔵の国なのです。

東京都民、埼玉県民ともども武蔵の国の人々が荒川を「ふるさとの川」として大切にし、より良き河川空間、河川環境として次の世代の子孫に伝えることが私たちに課せられた課題なのです。

推薦のことば

「イノシシ君にひかれて　荒川放水路通水100年」

角田　光男

（つのだ　みつお）

□略歴

1948年足立区生まれ、元共同通信記者、
元東京MXテレビニュースキャスター、
元東京都市大学学長特命広報ディレクター

□著書

「東日本大震災　命の道を切り開く3・11
最前線の初動」
（建設コンサルタンツ協会発行）

NPO法人「あらかわ学会」の三井元子さんが、このたび『イノシシが泳いできた荒川』を出版された。わたしは戦後の混乱期に荒川放水路の左岸、東武スカイツリー線の鉄橋の近くで育った。それだけに「うれしく、懐かしく」三井さんに祝福のエールを送りたい。

2024年は「荒川放水路通水100周年」になる。76歳になる老記者が通った保育園は、河川敷に開設された「青空保育園」だった。雨の日は近所の銭湯が「教場」になった。小学生になって「勇敢なイノシシ君の向こうを張って?」放水路で泳いで学校に通報され、先生や父親から大目玉を食らった。大人たちは「放水路は昔、人が住んでいた場所に掘られた。古井戸から冷たい水がわき出している。絶対に泳ぐな」といっていた。

1958年、小学4年の秋、猛烈な雨台風「狩野川台風」の来襲で平屋のわが家は「床上浸水1週間」の被害に遭った。いまでいう「内水氾濫」だったが、もし、放水路の堤防が決壊していれば、おそらく私たち一家の命はなかっただろう。ゼロメートル地帯に築かれた堤防は、まさに「命の防波堤」なのである。

広い河川敷があり、ゆったりと流れる荒川放水路は、いまの子どもたちの目には「悠久の大河」のように映るらしい。そうではない。下町全域が水浸しとなった「明治の大洪水」を繰り返すまいと造られた人工の河川なのだ。建設の指揮を執った「河川工学の先人、青山士師」の慧眼に感謝。三井さんの新著『イノシシが泳いできた荒川』は「過去の歴史とこれからの取り組み」が分かる好著だ。

推薦のことば

荒川を舞台にした強靭で持続可能な地域づくりをみんなで
～『イノシシが泳いできた荒川』出版に寄せて～

出口　桂輔

（でぐち　けいすけ）

□略歴

1983年、石川県生まれ。
2008年中央大学大学院理工学研究科を修了後、国土交通省入省。
関東地方整備局荒川上流河川事務所計画課長、河川部河川計画課長、
厚生労働省水道課課長補佐、大臣官房技術調査課課長補佐、水管理・国土保全局河川計画課企画専門官、
関東地方整備局荒川下流河川事務所長などを経て、
2024年4月より中部地方整備局企画部企画調整官。

荒川下流部は、自然にできた河川ではなく、約１００年前に人間がつくった人工の河川（放水路）であることをご存じでしたでしょうか？

荒川放水路が開削される前の江戸・東京は、有史以来、度重なる水害を受けてきました。特に、明治40年、43年の洪水は、近代国家の帝都建設に向けて拡大していた工場地帯や市街地が浸水し、大きな打撃を与えました。

荒川放水路は、このような水害を契機とする抜本的な治水対策として、明治44年に着手され、大正13年（１９２４年）に通水を開始し、昭和5年に完成しました。

放水路の完成により、東京東部・埼玉南部の低地帯は水害から守られ、一気に市街化が進みます。明治の近代産業化、関東大震災、東京大空襲、高度経済成長期、そして現在に至るめまぐるしい変化の中で、荒川放水路は、首都東京とその周辺都市の発展とともに変遷してきました。

近年、全国各地で相次ぐ水害は、もはや日常と言っても過言ではなく、荒川流域も決して他人事ではありません。国土交通省では、気候変動に伴う水災害の激甚化・頻発化を受け、私たち河川管理者が行う従来の「治水」を転換し、国・都道府県・市区町村、地域住民・企業など流域のあらゆる関係者が協働して総合的・多層的に治水対策（地域づくり）を行う「流域治水」の取組を進めています。流域治水の英訳は「River Basin Disaster Resilience and Sustainability by All」と表現され、強靭で持続可能な地域づくりをみんなで取り組む必要があるという想い・願いが込められています。

首都・東京を貫流する荒川を管理する立場は重責ですが、荒川放水路建設を指揮された青山士さんが大切にされていた「この世を私たちが生まれた時よりもより良くして残したい」という言葉通り、荒川流域を強靭で持続可能な地域として将来世代に引き継いでいくために、地域の皆様から感謝され、応援していただけるような河川事務所でありたいと思います。

令和6年（2024年）には、荒川放水路通水100年を迎えます。

荒川放水路は、完成から一度も決壊することなく水害から人々の命と暮らしを守り、大都市の貴重なオープンスペースとして、多くの人々の憩いと安らぎの場として、動植物の生息・生育・繁殖の場として、地域の発展を支え続けてきました。荒川下流河川事務所では、これまでに荒川放水路に関わった全ての方々への感謝の意を表すとともに、今後も安心して暮らしていける強靭で持続可能な地域づくりを目指して記念事業を展開してまいります。ぜひご参加下さい。

本著『イノシシが泳いできた荒川』が、荒川（放水路）の歴史や現在、未来に関心を寄せていただくきっかけとなれば幸いです。

目　次

第二章　荒川放水路通水100周年によせて……87

第一章

イノシシが泳いできた荒川

プロローグ

二〇一九年一〇月一二日、ぼくが小学五年生のときだ。台風一九号がやって来て、近くの小学校に避難した。数日後、イノシシが荒川を泳いできた。それからぼくは、荒川にすごく興味を持ち、父と一緒に上流、中流、下流をめぐり、関係者にインタビューを行った。それが、ぼくが新聞記者を目指すことになったきっかけだった。

❑1大型台風がやってきた

二〇一九年一〇月一二日、台風一九号が東京を直撃した。

ぼくの家は、東京都足立区の小菅という駅の近くにあって、荒川の土手までは、歩いて五分で行けるところにあった。

10月13日早朝の千住新橋下流の様子

この日、荒川の水が溢れて氾濫する危険があるとして、足立区は、区内全域に避難勧告を発令した。そこで、午後四時頃、ぼくたちは家族みんなで近くの足立小学校に避難することにしたんだ。

小学校へ着くと一階の体育館は、お年寄りや体の不自由な人たちが避難する所になっていたので、ぼくたちは二階に上がっていった。けれど、各教室はもう人がいっぱいで、トイレ前の廊下で寝ることになった。一人ずつに床に敷くマットと毛布と二リットルのペットボトルの水が配られた。しばらくすると非常食の混ぜご飯も配られた。おいしかった。

受付に、母の友人の小林真澄さんがいた。避難所運営本部のメンバーで、「おととい避難所運営会議があって、二〇日にやる予定の訓練の打ち合わせをして、備蓄品の確認や役割分担を決めたばかりだったの。いきなり本番になっちゃったけど、打ち合わせしてあったからスムーズにできてよかったわ」と、話していた。

その後も続々と避難者が増え、中学生が避難所運営委員さんと一緒に配給物資を配る手伝いをしていた。学校の中にいると静かで、雨の音も風の音も聞こえなかった。でも、ぼくも二年生の妹のミクも、初めてのことばかりだったから、興奮してなかなか眠れなかった。

二階の廊下のテレビ前では、数人が台風の様子を告げるニュースを見にきていた。台風が伊豆半島に上陸する直前の中心付近の最大風速は毎秒四〇メートルで、強風の半径は六〇〇キロメートルという大型台風だったから、各地で洪水被害が出始めていた。

ぼくは、学校に避難してきてよかったと思った。でも、夜中の二時ごろになると、「雨もやんでいるし、台風の目が通過したみたいだから、もう家に帰るわ」と、話している人が増えてきた。しかし父は、

「川は、上流で降った雨が、時間をかけて下流まで流れてくるんだから、台風の目が去ったからといって、安心というわけではないんだよ。もうしばらく、ここで様子を見よう」と言った。

次の日の朝五時に目が覚めると、もう半数以上の人が帰っていて、教室はがらんとしていた。ぼくたちも家に帰ることにした。あとで聞いたところでは、足立小学校には一千人の人が避難していたという。

足立区は、一〇月一一日の午後三時に足立区全域に避難勧告を発令、区内一〇四の小中学校の避難所を開設したけれども、避難する人が多く、予定になかった公共施設まで、避難所として開くことになったそうだ。

足立区の近藤やよい区長は、「各避難所に区の職員は四人しかいなかったので、地元の避難所運営本部の人たちの協力無くしては、とても運営できなかった」と、話していた。

ぼくは実際に経験をしたから、そのことがよく理解できた。家に帰ってから、ぼくはお父さんと二人で自転車に乗って、荒川を見にいった。

広いグラウンドのある河川敷が、増水した川の水でまったく見えなくなって、いつもの荒川と全然ちがっていた。緊急用河川敷道路も水びたしで、土手にあがる階段の一段目まで水が来ていた。

茶色い川の水がうねるように、すごいスピードで流れて行く。向こうからトイレみたいな小さな小屋が流れて来たと思ったら、あっという間に見えなくなった。水の力ってすごい。

イノシシが泳いできた荒川

それから一ケ月以上たった一二月三日、テレビのニュースで、「荒川の河川敷で、イノシシが走っているところが目撃されました。区の職員や国土交通省の職員が捕獲しようとしましたが、猛烈な勢いで逃げ、川に飛び込んだため、捕獲できませんでした」と言っていた。

テレビ画面を見ると、東武線の鉄橋下で、イノシシが走って逃げまわっているのが映った。まさにぼくの家の前の土手だ。何人かで捕まえようとして、追い回している映像が流れた。けれどイノシシは逃げ切って、川に入っていったという。

次の日、イノシシは対岸の「虹の広場」で目撃されたけれど、逃げ回ってまたどこかへ行ってしまったそうだ。ニュースでは、「洪水で荒川上流から流されてきたのだろう」と言っていた。

「ねえ、お父さん、荒川の上流ってどこのこと？　荒川って、どこから始まっているの？」と聞いてみた。すると父は、

「埼玉県の秩父のほうだよ。荒川は長瀞や寄居も通っているんだよね。マモル、春になったら二人で見に行ってみるか」と言った。

「やったー！　イノシシがどこから来たのか、分かるかなあ」

ぼくは、父と探検旅行に行けることがうれしくって、楽しみになった。

四月、ぼくは六年生になった。父と荒川のどこを見て回るか相談しながら、毎日のように地図をながめていた。秩父にある源流の碑は見てみたい。長瀞でライン下りして埼玉県立「自然の博物館」を見て、寄居の埼玉県立「川の博物館」に行って、それから熊谷や彩湖（荒川第一調節池）にも行ってみたいなあ。旅行は、四月二六日から二八日までと決まった。

「イノシシがどこから来たのか、分かるかな」

❏2荒川上流探検

荒川の源流はどこだ

地図で調べると荒川は、山梨県、埼玉県、長野県の県境にある甲武信ケ岳《こぶしがたけ》から流れ始めている。山梨県への流れは笛吹川になり、埼玉県への流れが荒川、長野県への流れが信濃川になる。こういう所を「分水嶺《ぶんすいれい》」というのだそうだ。

荒川源流点の碑

一級河川荒川起点の碑

甲武信ケ岳の「荒川源流点の碑」から東京湾の河口までは、一八八キロメートルある。けれど、国土交通省が一級河川起点としているのは、河口から一七三キロメートル地点で、そこに「荒川起点の碑」が建っているそうだ。ぼくたちは秩父の大滝村まで行き、「荒川起点の碑」の所まで登ってみるつもりだ。お父さんが若いころ、何回も泊まったことのある中津屋さんという民宿に電話を入れた。ご主人の山中進さんは、大滝村の議員もやっていた。なんでも大滝村が秩父市と合併したことから、いまでは秩父市議会議員なのだそうだ。すごく気さくで陽気な人だという。

やっと電話がつながった。父が、

「台風一九号で、イノシシが足立区の荒川までやってきたんだ。それで息子のマモルが、荒川に興味を持ち始めたんで、荒川起点の碑を見せたいと思ってね。民宿に泊めてもらおうと思ったんだよ」と言うと、

西武鉄道特急ラビュー号

山中さんが、

「民宿はやめたんだ。それに、台風一九号の土砂崩れの影響でまだ道が良くないから、大滝村の奥へは行かれないよ」

と言う。父が、

「そうか。山中さんに荒川上流の話を聞きたいと思ったんだが……」と言うと、秩父駅で会ってくれることになった。

四月二六日、ぼくとお父さんは、池袋から西武線に乗って秩父まで行った。ホームにつくと銀色の真新しい車両が見えた。西武線の新しい特急電車ラビュー号だ。二〇一九

年三月にデビューしたばかりで、丸い顔をした銀色の車体が近づくと、クリーム色の座席が見えた。客席の窓が床のほうまであるので、指定席に座ってみると外がめちゃくちゃ広く、よく見えた。

大滝村の山中進さんに会う

西武秩父駅に着くと山中さんが待っていてくれた。山中さんの家は、荒川の起点から数百メートル下流の支川、中津川の近くにあるそうだ。

「中津川は普段は流量が少なくって、静かな川だけんども、去年の台風一九号では、一時間に六〇ミリもの激しい雨が降って、石をつめた蛇かごが、かたまりのまま、ごろんごろんと流れてきたほどだったんだ。雨は、一〇月一一日から降り続いて、中津川へ入る車道の雪よけトンネルが一二日に崩れ落ちた。それで、町へ下りることができなくなって、中津川村は孤立した」

と中山さん。

「大変だったんだなあ。テレビのニュースで見たよ。道路が土砂でふさがれて、中津川村が孤立している。村の人たちは、町へ行くことができないので、食料を分け合ったり、老人や障害のある人の家に食事を届けてあげたりしているって。奥さんも映ってたよ。山中さんの奥さんが中心になってやっていたみたいじゃないか」

とお父さんが言うと、山中さんが、

「うん。あん時には元気にやってたんだけどねえ。一二月に大動脈りゅう破裂であっという間に亡くなったんだよ」と言った。父が、

「えっ、そうだったのか。疲れが出たのかなあ。ちっとも知らなくてすまなかったね」

と言った。ぼくは、『台風の直接の被害者数には入っていないけれど、他にもこんな形で被害を受けた方たちがいるんだろうなあ』と思った。山中さんは、

「中津川村へは、ようやっと車が通れるようになったんだけんど、まだ道が悪くってね。他にもいろんな所が崩れた。『荒川起点の碑』へ行く道も崩れた。まだ危ないと思うから、今日は連れては行かれないよ。そこの喫茶店で、コーヒー飲みながら少し荒川上流の話をして、それから浦山ダムに連れて行ってあげよう」

と言って、古民家風のおしゃれな喫茶店に入っていった。

森林を守った本多静六

注文したコーヒーを飲みながら、山中さんが話し始めた。

「大滝村に東大（東京大学）の演習林ができたのは、本多静六っていう人のお陰なんだよ。中津川村に『森林科学館』ってのがあるから、道路がよくなったら、一度見に来るといい。本多静六の業績がよーく分かるよ」

この人は、日本で初めて林学博士になった人だ。九歳の時に父親が亡くなったために、苦労

して勉強を続けて、東大の教授までになった。だけど、経済的苦労をしたことがあったから、給料の四分の一は必ず貯金すると決めて節約した。そしてその貯金を元手に投資をして、巨万の富を得て森林を買い集めたそうだ。

一九〇〇年（明治三三）頃に、まとまった貯金ができたので、秩父市中津川の原始林を何年かかけて、八千余町歩（約八千ヘクタール）購入した。

そして、一九一六年（大正五）に秩父の山林三千余町歩を東京大学に売って、一九三〇年（昭和五）には、残りの全部を「秩父地域の振興と奨学金の創設」を条件に埼玉県に寄附したんだ。埼玉県では、その森林から得られる収益を基に「本多静六博士奨学金」を設けた。一九五四年（昭和二九年）からこれまでに、二千五百人を超える学生が奨学金を受けているんだよ。

本多静六は日本全国の多くの公園の設計をした人で『日本の公園の父』としても有名だ。東京なら日比谷公園や明治神宮の森を設計したことで知られているよ。

明治神宮を設計した時は、一千年の森を作ろうとして、火災に強い常緑広葉樹《じょうりょくこうようじゅ》をたくさん植えたいと考えた。シイ、カシ、クスなんかの常緑広葉樹は、自然に落下するドングリから、また次々と芽が出て成長を繰り返す。積もった落ち葉は、腐葉土になるし、倒れた木にキノコが生え、腐って土に戻って行く。その栄養で植物は成長を続けて行く。

こうやって人が手を入れなくても、再生を繰り返して自然の森になって行くと考えて設計したんだ。だから神宮の森は、人工森なんだよね。その時資金集めに協力したのが、二〇二四年から一万円札の顔になるっていう「渋沢栄一」だったそうだよ。

中津川こまどり荘と森林科学館

「日本の公園の父」本多清六

財政を支えた渋沢栄一

手入れされた森、されていない森

源流部・手入れされていない森

源流部・手入れされた森

　それから、ぼくたちは山中さんの車で浦山ダムに向かった。細い山道を登って行くと、朽ちかけた民家もあった。途中、よく手入れされた森と手入れされていない森があったので、山中さんが車を止めて説明してくれた。
「ほら、こっちの森は、よく日が差しているでしょう。こんな風に、木と木の間をあけて、日が差すようにしてやると下草が生える。そうすると根がしっかり張って、少しくらい雨が降っても崩れないいんだよ。だけど、こっちの森のように木と木の間をあけないでいると、森の中に日が差さなくなって、暗い森になって行く。雨が降るとこんな風に根が浮き上がってくる。そこへこの間みたいな大雨が降ると、こういう所から土砂崩れが始まるんだよ。台風一九号はじわりじわりと何日も雨が降り続いたから、地盤が大きく崩れたんだよねえ」と話してくれた。それから、
「子どものころは、よく川に水を汲みに行かされた。昔は、遊びの中に暮らしがあって、暮らしの中に遊びがあって、豊かだったんだけどねえ」とぽつんと言った。

人が作ったダム

浦山ダム、ダムサイト

やっと浦山ダムについた。広い緑色の湖が見える。水をせき止めているコンクリートの巨大な壁があり、その下から細い川が見えていた。

浦山ダムは日本で二番目に高いダムで、洪水を防ぐことを第一の目的に、発電や東京・埼玉の水道水源になっている。埼玉県への水力発電も行っている。最大で五千八百万立方メートルもの水を貯えることができるそうだ。ダムの上からは、秩父市内が一望できる。

「あれが荒川だよ。ずーっと行って、曲がった所の先が寄居だね」

山中さんは、「ダムができて栄えた町はないよ。工事が終われば仕事がなくなるから、みんな便利な町に引っこしていっちゃうし、残った人たちの高齢化は進むしでねえ」と、さびしそうに言った。

ぼくは、人間って自分たちの便利のために、山を削り、木を切り倒して、巨大なコンクリートの壁を作って川をせき止め、川の流れも変えちゃってきたんだ。こんなことをしてて、自然に怒られないのかなあと思った。ぼくは、

「イノシシは、この辺にもいるんですか？」と聞いてみた。すると、

「いる、いる。ちょうど作物が出来上がるころに食べに来るから大変なんだよ。ここらは、シカもいるし、クマもニホンカモシカもいるよ」

「じゃあ、イノシシは、ここからぼくの住んでいる町まで流れてきたのかなあ？」

と、ぼくが言うと、山中さんが、

「いや、ここからは遠すぎるよ。入間川の比企丘陵あたりから流されて、河川敷を歩いていったんだろうな。イノシシは、なんでも食べるけど、少し塩分がある水を飲むんだよね。それからミミズをほって食べるんだ。ミミズの血の中の塩分を取るためらしい」と言った。

　ぼくは、アニメ「もののけ姫」で、大きなイノシシが、山を荒した人間たちをこらしめるために、山の上からドドドーって、仲間のイノシシたちと一緒にかけ下りてくる場面を思い出して、こわくなった。

　お昼に、おいしい秩父のおそばをごちそうになって、山中さんと別れた。その後ぼくたちは、秩父鉄道に乗って長瀞で降り「自然の博物館」に向かった。

❒3荒川中流探検

長瀞の岩畳

長瀞駅で降りて、少し歩くときれいな水色の川が見えてきた。そこにちょうど長瀞ラインくだりの舟がやってきたんだ。舟には小学校低学年の子どもたちが乗っていて、水しぶきが上がるたびに、きゃあきゃあ言っていた。遠足で舟に乗せてもらってるのかなあ。手をふるとみんな手をふってくれた。

荒川の岸辺には「長瀞の岩畳」といわれる、大きな平たい岩が畳のようにたくさん並んでいる。そこをぴょんぴょん渡りながら歩いた。ここには、ぼくが小学校三年生のころ、「日曜地学ハイキング」という地学学会の活動に参加させてもらって、母と妹のミクとの三人で化石ほりに来たことがある。

ケーキのミルフィーユみたいに何層にもなっている石のすきまに鏨《たがね》をあて、こんこんこんと金づちでたたくと、石がパカっと割れて、そこに、運がよければ化石の葉っぱや虫が入ってい

長瀞の舟下り

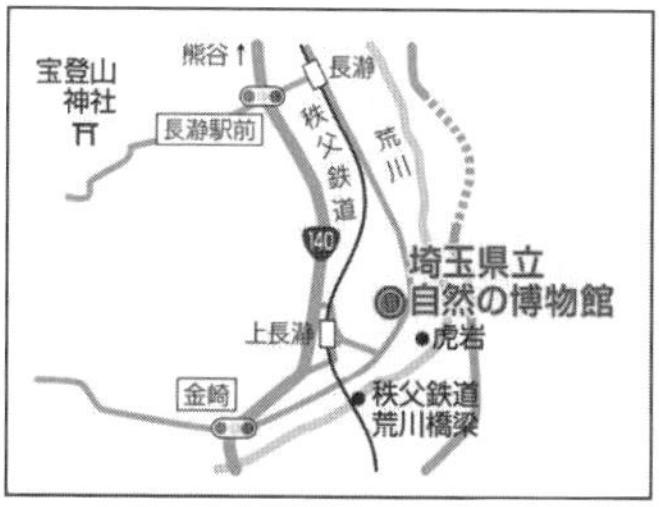

自然の博物館パンフレットより

るんだ。それも何万年も前の葉っぱが見つかるんだから興奮したなあ。あの石は、まだ取ってあるんだろうか？　家に帰ったらお母さんに聞いてみよう。もう、遅くなったので舟下りはあきらめて、ぼくたちは「自然の博物館」に向かった。

「自然の博物館」秩父にサメがいた？

カルカロドンメガロドンのオブジェ

岩畳から一〇分ほど歩くと埼玉県立「自然の博物館」があった。ここに入るのは初めてだ。なぜか入口に、カルカロドンメガロドンという大きなサメのオブジェが置いてあった。なんで山なのに海のサメが飾ってあるんだろう、と思いながら入館する。

地球は四十六億年前に誕生した。カルカロドンメガロドンというサメが生きていたのは、それからずっと後の二千六百万年前から六百万年前。約千五百万年前の秩父盆地周辺は、盆地の西縁を海岸線とした「古秩父湾」と呼ばれる湾だった。当時の日本の気候は温暖で、古秩父湾や周辺の海ではアザラシの仲間やヒゲクジラ、ハクジラなど大型の海棲哺乳類《かいせいほにゅうるい》が泳ぎ回っていたんだって。

カルカロドンメガロドンは、ホオジロザメ（体長六メートル）の二倍から三倍も大きくて、ヒゲクジラやアシカを主食にしていたらしい。一九八六年（昭和六一）春、このサメの歯の化石七三本が、埼玉県深谷市（旧大里郡川本町）の荒川河床に分布する約一千万年前の地層から発見されて、カルカロドンメガロドンの実際の大きさが分かったそうだ。そのころパレオパラドキシアというカバに似た海獣も生きていたそうだ。

　そのあと、湾の東側が隆起し続け、ついに古秩父湾は閉ざされてしまって陸地になる。それから氷河期になり、その氷がまた溶けて何度も地形が変わり、およそ六千年前の秩父地方は、「奥東京湾」と呼ばれる海だったそうだ。

　そもそもなんでそんなに海が広がったかというと、地球温暖化が進んで厚い氷河や巨大な氷山が溶けたからだ。縄文時代のころ日本の近くでは、海面が今より三メートルも上昇し、海水が内陸まで進んでいたそうだ。それを「縄文海進」というらしい。この時は、川越辺りまでがまたまた海になってしまった。

古代から近世までの地形の変化

『荒川の舟運』あらかわ文庫1より

秩父の豊富な鉱物

博物館の地下には、この地域で産出された鉱石がたくさん展示されていた。秩父鉱山で産出された鉱石も展示されていた。発明家として有名な平賀源内は、一七六六年（明和三）、中津川で金鉱を掘ったけれど、結局、金は出なくて三年ほどであきらめたそうだ。

でも、金が出なかったのは、当時はまだ金を掘る技術がなかったからだった。明治以降の秩父鉱山からは、多くの鉱物が見つかり、昭和九年に金銀鉱石を一千九百十二トン産出、昭和三〇年代は亜鉛や磁鉄鉱などを採掘し、最盛期には年五十万トンを出鉱したのだそうだ。

金属鉱石の採掘は昭和五三年に中止され、現在は石灰岩を採掘している。今は秩父といえば、石灰石から作るセメントで有名になっている。そういえば、秩父鉄道で長瀞までくる間にもセメント工場が延々と続いていたなあ。

あとで調べたら、諸井恒平《もろいつねへい》という人が秩父にある武甲山の石灰石を採掘して、セメント事業を起こそうとした。そして親戚の渋沢栄一に資金援助の相談をする。栄一の援助を受けた諸井は、一九二三年（大正一二）に「秩父セメント会社」を設立。現在は「秩父太平洋セメント株式会社」という会社名で、今もセメントを作り続けているという。ここで生産されたセメントが、鉄道で運ばれ、東京の近代化に使われたんだ。

ぼくとお父さんは、「自然の博物館」を見たあと、荒川の川沿いにある小さな宿に泊まった。夜は、川の流れる音がごうごうと聞こえてきて、外に出ると星がいっぱいに光っていた。

天然かき氷

次の朝、レンタサイクルに乗って川の周りを一周した。草も木も新しい緑の葉っぱをつけて、さわさわとゆれ、すっごく気持ちよかった。五〇分位走ってから旅館にもどり、自転車を返して上長瀞駅へ向かった。

長瀞は、天然かき氷が有名で、ぼくは駅のそばにお店があることをお母さんから聞いていたから、すごく楽しみにしていたんだ。駅のそばのなんでもない路地に入って行くと、中庭のある古民家が「天然かき氷屋さん」だった。注文した山ブドウのかき氷は、ふわっふわで、あっという間に口の中で溶けて、頭がキーンすることもなかった。こんなかき氷を食べたの初めてだ。お店の人の話では、この天然氷は、ここから車で五分くらいの所にある段々畑みたいに作ったプールに、きれいな川の水を引いてきて貯めて、自然の気温で凍らせてるんだって。一度見に行ってみたい。だけど地球温暖化が進んで、気温が高くなったら氷が作れなくなるんじゃないのかなあ。

川の博物館

ぼくたちは、上長瀞駅から秩父鉄道で寄居駅に行き、東武東上線に乗り換えて鉢形駅まで行った。そこから二〇分くらい歩いて行くと「埼玉県立川の博物館」が見えてきた。

目の前に広がっている荒川の河原には、砂利がいっぱいあって、川の水深も浅くて、歩いて

埼玉県立川の博物館全景

ガリバーウォーク・荒川大模型 173

対岸に行けそうなくらいだった。ぼくが住んでいる荒川の下流は、水面の幅が三〇〇メートルくらいあるし、とても歩いてなんか渡れない。同じ荒川でもこんなに違うんだとびっくりした。

広い敷地には、博物館のシンボルになっている大きな水車があった。前庭には、「ガリバーウォーク・荒川大模型１７３」っていうコンクリートで作った巨大な立体模型があった。

甲武信ケ岳から流れ出た水が、せまい谷を通って流れ出し、蛇行したり、ダムでせき止められたり、支流からの流れといっしょになったりしながら太い川になって、東京湾まで注いで行くのが見渡せる。一七三キロメートルの荒川の流れが、立体で感じ取れるようになっているんだ。昨日行った浦山ダムもあった。荒川水系にはダムが全部で六つもあった。

館内に入ってみると、ちょうどアドベンチャーシアターの上映が始まるところだったので、ぼくとお父さんも座席についた。案内のお姉さんが、「座席が高くなったり、揺れたりするのでシートベルトをしっかり締めてください」と言った。

「いったいどんな旅？」

映像が始まってみると、一滴の水滴になったつもりで荒川の源流から河口までを旅をするという設定で映像が進んだ。ぼくは、いろんな水の形になってスリリングな旅をした。地面にしみ込んだり、たくさんの水滴と一緒になって滝を急降下したりダムで足止めを食らったりした。

長瀞あたりにつくと流れがゆっくりになり、のんびりと岩畳の景色を楽しんだ。けれど、急に速い流れになって押し流されて下流まで行った。さすがに東京に入ると川幅が広くなって、東京湾まではのんびりした旅になった。

「一滴のしずくは、蒸発して空の雲になり、またいつか上流に降る雨の一滴になって戻ってくるよ」というう解説でアドベンチャーシアターは終わった。ぼくは小さいころに読んだ「しずくのぼうけん」という絵本を思い出していた。

盛んだった舟運

次のコーナーにはいろんな船が展示されていた。

『荒川の舟運』
あらかわ文庫１より

おどろいたのは船車《ふなぐるま》という船だ。川船に水車をくっつけて、川の流れる力を利用して臼を回し、小麦を製粉したり、米を精米していたんだそうだ。

船車は江戸時代の中ごろ（一七五一～一八〇四年）から昭和二〇年ごろまで使われていたそうだ。それなのにガソリンを使った動力製粉機に代わって、使われなくなったという。船だから移動がしやすい。農家に順番に貸し出ししていたらしい。今ならＳＤＧｓ大賞がもらえるんじゃないのかなあ。

博物館には資料室があったので、ぼくとお父さんは、しばらく別々に本を手にとっては読んでいた。その中に「荒川の舟運」というあらかわ学会発行の本があった。江戸時代から荒川で使われていたいろんな船の形が書いてあって、興味深かった。

舟運の最盛期は、一九〇三年（明治三六）から一九一四年（大正三）で、物資を上げ下ろしする船着き場「河岸」の総数は、一三二ケ所にもなっていたという。

とくに農家にとって大事だったのは、下肥《しもごえ》（人の糞尿）だ。江戸市中から人糞を船で集めてきては、畑の肥料として使い、収穫した農作物を江戸に運んでいた。まさに有機リサイクル栽培だ。下肥は、黄金のお宝という意味で「金肥」といわれていたそうだ。一九五五年（昭和三〇）ごろまで続いていた。

だけど太平洋戦争（一九四一年から一九四五年）の後、ＧＨＱ（連合軍が日本占領中に設置した総司令部）の指導で、非衛生的だとの理由で化学肥料に切り替えられていった。その上、物資をトラックで運ぶ「陸運」が発達していって、舟運は衰退していった。

上流から木を流す工夫　鉄砲堰

展示を見ていると、館内アナウンスがあって「ただいまから鉄砲堰イベントがあります。近くにお集まり下さい」と言う。見ると展示室の左の方に、大きな木の堰（ダムのように水をせき止める装置）が作ってあるのが分かった。

山から切り出した木材を運ぶ方法として、明治時代から行われていたらしい。堰に水をため込んでおいて、いっぱいになったら堰を開けていっきに放流する。すると、堰の下流に並べておいた木材がその水の勢いで、いっきに遠く、流れのゆるやかな場所まで運ばれて行く。流れてきた木材を集めてイカダに組んで、下流まで運んだのだそうだ。４分の１模型とはいえ、すごい迫力で水が飛び出してきてびっくりした。

今なら木材をクレーンで釣り上げて、大きなトラックに積

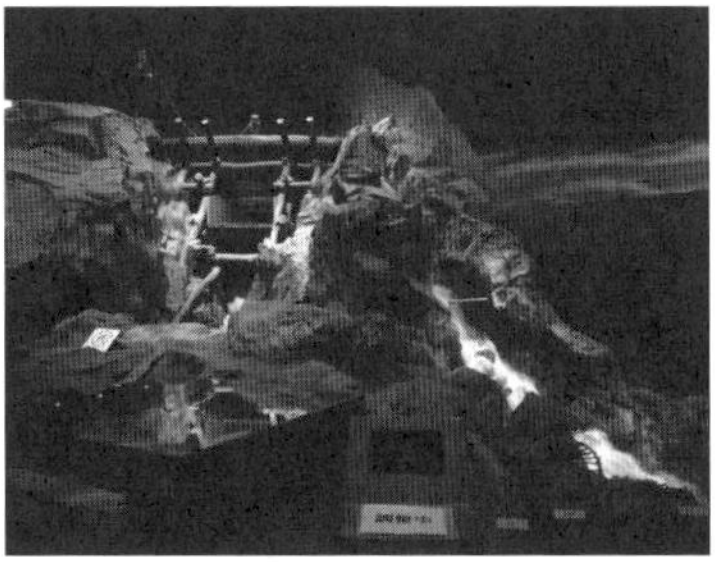

材木を運搬するための鉄砲堰
1/4模型

み込んで山を下り、高速道路で東京に運び出すんだろうから、ガソリンをいっぱい使うけど、この方法だとかなりガソリンの節約になる。欧米では、ガソリン車は、二酸化炭素をいっぱい出すから生産停止にして行く方針だとニュースで言っていた。昔の人は、知恵を使ってこんなに環境にやさしいことをしていたんだね。

ぼくたちは、そのあと寄居でカヌー体験をして民宿に一泊。カヌーは最高に楽しかったよ。水もきれいだったし、流れも緩やかでのんびりできた。

熊谷堤

翌日、寄居駅から秩父鉄道に乗り、四〇分くらいで熊谷駅に到着。東京湾からは大体八〇キロの地点だ。駅を出て荒川の土手に向かって歩いて行くと「熊谷桜堤」という石碑がみえた。登ってみると桜並木の土手が長く続いている。桜のころはきれいだろうなあと思った。

堤防から河川敷を見ると、ものすごい広さでびっくりした。調べてみたら、「川幅」というのは、両岸の河川敷と川を入れた堤防から堤防までの幅をいうのだそうだ。ここから更に一〇キロ下流の鴻巣という所の川幅が、二キロメートル以上あり、関東一広い川幅だという。この熊谷堤を下流に向かって歩いて行くと「久下橋」についた。

洪水を溢れさせる?:荒川第一調節池「彩湖」

熊谷からの帰りにぼくとお父さんは、荒川と入間川の合流地点の上流部にある荒川第一調節池「彩湖」に行った。JR武蔵浦和駅からバスで「修行目」で降りて十分ほど歩くと、向こうが見えないいくらい広大な自然地が見えてきた。大きな池があり、釣り人やボート遊びをしている人がたくさんいた。ここは人工の池で、洪水のときには、この貯水池に荒川の水が堤防を越えて入るようになっている。約三万九千立方メートルの水がたまるように設計してあるそうだ。

広い敷地には、たくさんの昆虫や野鳥がいて、タヌキも棲んでいるという。ぼくは彩湖で釣りをしている人に

「すみません。この辺にイノシシはでますか?」と聞いてみた。すると、

「さあてねえ。彩湖では見たことないねえ。台風で流れてきたって話はあったけど、住んでいるのはもっと上流じゃないの?」と言っていた。

すると、二〇一九年(令和元)一二月、足立区に現れたイノシシは、これよりも上流から流されてやって来たのか。ぼくは、泥水にもまれながら必死で泳いできたイノシシの様子を思い浮かべながら、本気で「台風って怖いなあ」と、思った。

ぼくとお父さんのゴールデンウィークの旅は、これでいったん終了。東京足立区の家に戻ってきた。そしてぼくは、足立区の中央図書館に行って、荒川に関する本を二〇冊も借りてきて読みあさったんだ。

❏4 江戸時代の荒川

川を付け替えた徳川家康

むかしと今の荒川を比べてみると…

現在の荒川は、熊谷市の西方からJR高崎線の西側を流れ、東京湾《とうきょうわん》に流れ込んでいます。しかし、大むかしからこの流れだったというわけではありません。

江戸時代以前

江戸時代より前の荒川は、東京湾に流れ込んでいた利根川の支川《しせん》で、現在の元《もと》荒川の流れでした。

江戸時代〜大正時代

江戸時代になると、荒川は熊谷市久下あたりから新しい河道が作られ、和田吉野《わだよしの》川と合わせて入間川とつながれました。

現在

荒川放水路が作られ、それまでの荒川が隅田川、そして新しくできた放水路が荒川とよばれるようになりました。

国土交通省『荒川読本』より抜粋

荒川は、甲武信ケ岳から始まり、浦山ダムから見たような険しいV字型の谷を流れ、平らな秩父盆地までやってくる。「ここまでを荒川の上流といい「川の博物館」のある寄居から入間川と合流するあたりまでを中流、そこから海に流れこむまでを下流という。

　荒川という名前は、「荒ぶる川」という意味でつけられたそうで、それだけに人びとは何度も洪水の被害に悩まされていた。

　関東を治めることになった徳川家康は、関東をお米が取れて、交易も盛んな所にするにはどうしたらよいかと考えて、千回も関東に視察に来たという。

　そうして決めたのが、利根川を東に移し、荒川を西に移すという計画だった。これを「川の付け替え」といい、利根川の東遷、荒川の西遷というのだそうだ。

　荒川の西遷は、実際には三代将軍徳川家光の時代になってからで、一六二九年に、関東代官伊奈（半十郎）忠治という人に命じて、川の流れを変える大工事を行わせた。

　ぼくが、熊谷市で見た「久下橋」のあたりで、水量の少なかった和田吉野川と荒川を合流させて、さらに入間川本流と合流させるという工事をしたところ、洪水は減り、関東平野の新田開発が進んだそうだ。そして木材を運ぶ船の道も出来上がったというわけだ。

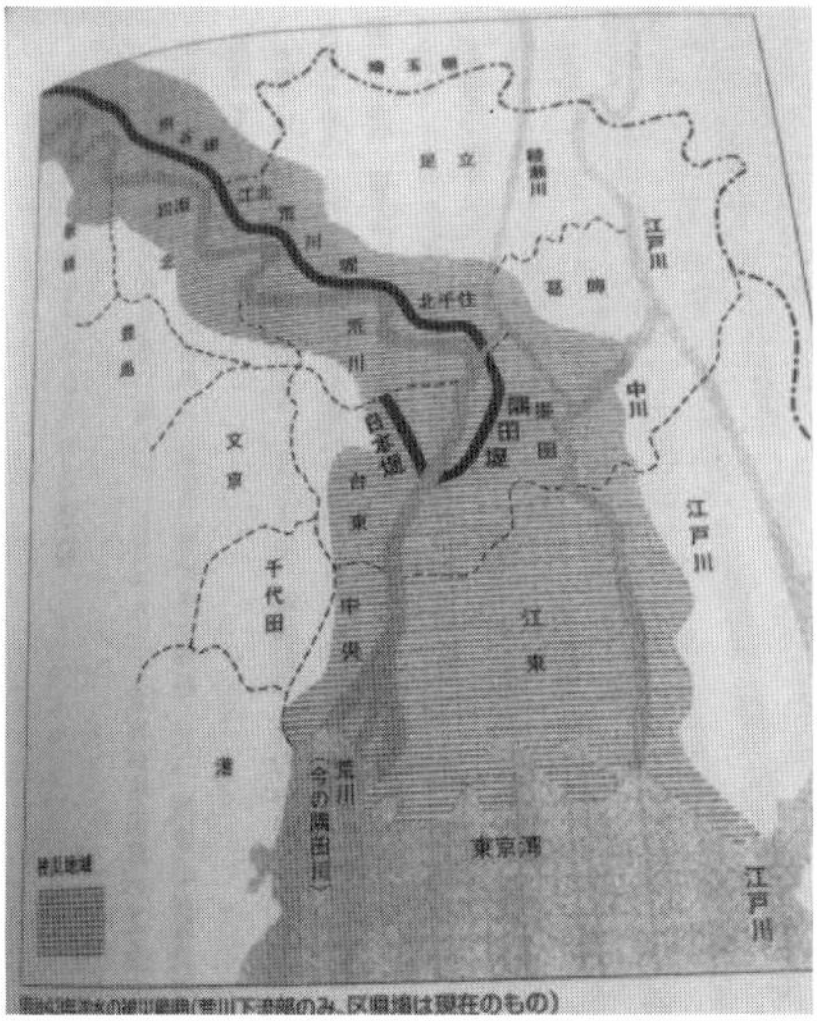

Ｙ字型の日本堤と隅田堤

　しかし、入間川本流に合流させて、隅田川につなぐと、今度は隅田川の洪水が多くなってしまうことが予想された。そこで、幕府はこれよりも九年前の一六二〇年に、隅田堤と日本堤を作った。この二つの堤でＹ字型の地形を作り、大水が出た時、水がここに貯まって上流に溢れるようにしたので、下流の江戸市中を守れると考えたそうだ。

だけど、今度は逆に、上流でしょっちゅう洪水が起こるようになる。そこで、荒川堤、熊谷堤という周辺のまちを守るための堤防が築かれたのだそうだ。

江戸時代の水害

一七四二年（寛保二）八月に、三千九百人もの死者が出た大洪水があり、荒川、利根川が氾濫して、関東一帯が水浸しになった。図書館で借りた「荒川流域を知る」（NPO法人水のフォルム発行）という本を読むと、「江戸時代第一の洪水で、今の墨田区東向島、葛飾区堀切、綾瀬、千住の堤防が決壊し、大水が小菅から本所・深川に浸入、浅草・下谷から江東一帯が泥海と化した」と、書いてあった。

ところが困ったことに、その後関東では一七八三年（天明三）に浅間山が大噴火した。とんでもない大噴火で、ものすごい量の土砂や火山灰が利根川、荒川、鬼怒川に入ってしまった。そのために、流れ込んだ火山灰で川底が高くなって、川が浅くなってしまった。川の水が流れにくくなり、溢れやすくなってしまったのだ。

そのため、江戸時代には、洪水が何回も何回もやってくるようになった。記録に残っているだけでも、大きな被害が出たものは一五〇回、それ以外にも一〇〇回くらいあったといわれている。

江戸時代第二の洪水は、日本堤を超えるほどの大水害となった一七八六年（天明六）七月の

「天明の洪水」だった。七日間も雨が降り続き、荒川が氾濫して、竹ノ塚、下谷、浅草、千住、本所、深川が被災、新大橋、永代橋が流失、両国橋が大破した。

第三の洪水は、一八四六年（弘化三）六月から七月にかけての大雨で、荒川が洪水となり、亀戸、亀有、柳島（墨田区）で床上浸水、浅草では1・2～1・5メートル床上浸水したという。

コラム「洪水用語解説」

・洪水

洪水とは雨や雪解けによって、川の水の量が普段より著しく増えた状態のことをいう。河原は広い敷地の割には細い川が多いが、川幅いっぱいに水が押し寄せてしまうと、広い河原も水の下に隠れてしまう。このように水が異常に増えた状態のことを『洪水』という。

・氾濫

氾濫とは、雨などによって、町や農地などに水が溢れてしまうことであり、その種類によって『外水氾濫』と『内水氾濫』とに区別されている。

・水害

水害とは、水によって引き起こされる災害のことで、『外水氾濫』も『内水氾濫』も水害と呼ばれている。ただし、海水による水害の場合は、『高潮災害』、『津波災害』といった呼び方をされている。

❐5明治時代の荒川

明治の産業発展

徳川家康に始まり、一五代将軍徳川慶喜まで続いた江戸時代が終わると明治時代になる。それまでの隅田川の川沿いには、「河岸」と呼ばれる米や野菜を町や武家屋敷に運ぶ物資の船着き場があり、積み荷の集積場としての倉庫が立ち並んでいた。土地利用としては、町、武家屋敷、寺、田畑だった。

明治時代になり、海外の技術がどんどん入ってきて工業化が進むと、川沿いに、次々に工場が建てられるようになった。低湿地帯だった所も埋め立てて工場を建てたため、川沿いの土地の地盤沈下が進んだ。田畑とは違い、いったん洪水が起きて工場が水につかると、機械は使い物にならなくなってしまう。被害額はとてつもなく大きくなっていった。

明治四三年の大水害

江戸が明治になって、東京とよばれるようになってからも水害はたびたびあった。そして、一九〇七年（明治四〇）八月の水害では非常に大きな被害が出て、何週間も水が引かなかった。そこで、東京市議会や国会で、今の北区岩淵に水門をつくって、荒川本流を仕切り、首都東京に水害がいかないように、直接海に注ぐようにする放水路を掘る計画が話し合われていた。

その矢先、一九一〇年（明治四三）八月の大水害がやってくる。「一七八六年（天明六）水害以来の大惨事」といわれるほど関東一円に大きな被害が出た。この年は、八月一日から十四日まで雨が降り続いていた。八月六日に中国で発生した台風が、一〇日には紀州半島沖に移動し一一日には房総半島東に移動、一二日には本州を横断して日本海へと抜けた。

気圧が七五〇ミリヘクトパスカルで、速度は毎時二〇キロメートルだった。かなりゆっくり進んで、何日も何日も雨が降り続いたため、日本各地に大きな被害をもたらした。長野県の千曲川や伊豆東海地方でも洪水や土砂災害があり、関東では利根川も増水して決壊。あふれ出した水で東京下町まで水浸しになった。

そのうえ一〇日ごろに、フィリピン沖に次の台風が発生して、ダブルパンチを食らったらしい。

荒川では、秩父のような山間部に長期に雨が降り続いたため、堤防の「ほとんどすべてが決壊」と書かれるほどで、関東地方全部が何日も水浸しになった。水が引くまでに三週間以上かかった地域もあったという。

荒川下流域（東京）被害は、死者四五人、負傷者一一七人、不明者七人、家屋全壊一七九戸、流出家屋一六万七四一〇戸という。（臨時水害救済会報告書）

洪水絵ハガキ

関東が水浸しになったので、新聞や雑誌の記者がたくさん来て、いろんな記事を新聞や雑誌に掲載した。そして水害の様子を写した絵ハガキが、何種類も販売されたそうだ。その袋の表紙には、「天明以来の大惨事東京府下大水害実況」とか、「稀有の大惨事明治四三年八月東京大出水実況」とか書いてある。

当時はカメラを持っている人が少なかったから、ハガキを買って、「うちの方はこんな被害だったけれど、みな無事です」とか書いて田舎に送ったらしい。昔はスマートフォンなんてなかったから、いちいちハガキを送ったんだなあ。あらかわ学会が「東京・埼玉大水害」という

足立区千住付近の浸水状況
（提供：国土交通省 荒川下流河川事務所）

旧国技館に避難した人びと
（提供：国土交通省 荒川下流河川事務所）

冊子を発行していた。それを見ると、水害の様子を写した写真ハガキが、たくさん掲載されていた。

両国国技館が避難所として使われていて、炊き出しをしている写真絵ハガキがあった。土俵のまわりで、おすもうさんがちゃんこを作って配ってくれている。おすもうさんは、体が大きいからお風呂場も大きくて、避難所としてぴったりだったそうだ。

北区岩淵付近では、このときの荒川の水位が八メートル前後も上昇し、濁流は台地直下の鉄道線路沿いにも達し、北区域の低地部は、あっという間に水没してしまった。

八月一三日発行の「東京朝日新聞」によると、王子付近では工場の煙突が水上にそびえ、屋根だけが見える家屋のあいだを船やいかだが行き来し、飛鳥山には、出水観覧者が押し寄せたと記されている。また、赤羽付近では、警察と赤羽工兵隊（軍隊）が出動し、埼玉方面からの流失家屋五戸を取り押さえ、漂流者一五〇人を救助した、とも記されている。

とにかくすごい被害だったようだ。だけどそのわりに死者数が少なかったのは、毎年のように洪水におそわれていたから、行政の担当者や地域住民にも、洪水への心構えができていたのだろうと書いてあるものがあった。

芥川龍之介の洪水日記

どんなにひどい洪水だったのかを調べようとしていたら、北区飛鳥山博物館で平成二三年に行われた「天明以来ノ大惨事」という特別展のカタログを見つけた。そこに、明治時代の作家たち、夏目漱石や幸田露伴、志賀直哉、森鷗外、芥川龍之介もその洪水に会っていて、日記を書いていることが分かったんだ。

特にぼくが興味を持ったのは芥川龍之介だ。芥川龍之介は、まだ中学三年生（今の高校三年生）だった。このときに書いた日記が載っていた。明治四三年ごろ芥川龍之介は、母親の実家の江東区に住んでいたそうだ。東京府立第三中学校（今の両国高校）の三年生だった。

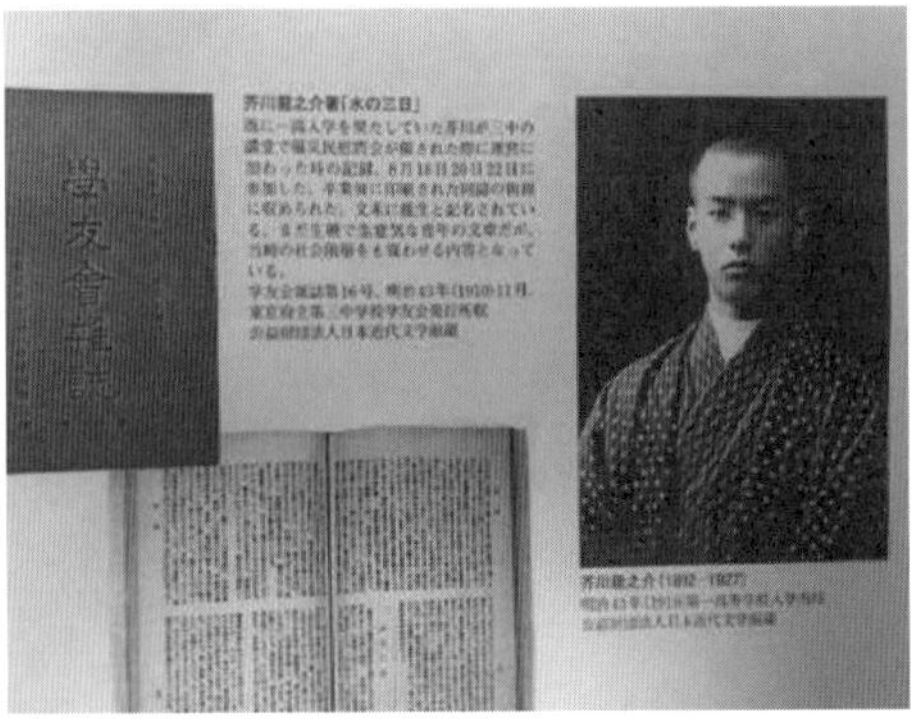

明治 43 年第一高等学校入学当時の芥川龍之介

卒業後、旧制一高文科一類（今の東京大学英文学科）への進学が決まっていたので、夏休みを利用して友人と二人で八月七日から静岡に旅行に行った。ところが、六日に中国で発生した台風が近づいてきて、中部・関東地方も八日から全域で雨が降り始める。八月一四日に帰郷したときには、実家が腰までつかるほど浸水していて、びっくりしたという。

そして、一八日に中学校に行ってみると、被災した人たちが大勢来ていて、慰問会をやっていた。かっぽれと講談があり、久しぶりに笑ったのであろう人々のにぎやかな声がひびいていて、物悲しくなったと書いている。

また、龍之介らがボランティアとして、慰問会の会場から出てくる人たちに、大人にはビスケット、こどもにはせんべいとアンパンを配ったところ、小さな女の子が、床に頭をつけてまでお礼をしたので、ほろりとさせられてしまったとも書いている。

そのあと、事務室で通信部を開始。手紙を書けない人たちへの設備であった。長机とベンチを持ち込んで学生が三人座り、「ただで、手紙を書いてあげます」という張り紙をしたところ、大勢の人々が群がったという。相手の言うとおりに書けばいいと簡単に思っていたのに、何度聞いてもさっぱり要領を得ないことや、住所がわからない人への対応などで困ったことも書かれていて、当時の人々の様子がよく分かった。

江東区猿江付近で発生した水上の火災

※「天明以来ノ大惨事ー明治43年の洪水と岩淵」より抜粋（北区飛鳥山博物館発行）

※ 洪水絵ハガキ（荒川下流河川事務所提供）

古老が語る「下町の大水害」

図書館で「古老が語る明治43年の下町の大水害」という本を見つけた。そこには、明治生まれの人たちが、明治四三年の洪水でどんな被害を受けたかとか、荒川放水路建設中の様子とかが語られていた。

「地域ぐるみで千住大橋を守った」

▼明治三七年生まれ　足立区足立　永田平吉さん

「……あれはね、秩父の方から出た大水と東京湾から上がってきた上げ潮がちょうど高度の低い下町あたりで合流して被害を大きくしたんです。大雨降ってね。水かさが一尺五寸か二尺（約六〇㎝）は上がっていたよ。それが引いて二、三日後かなぁ、方々で川が逆流したの。……長雨が降るでしょ。そうすると必ず二、三日して大水が出るってことは、しょっちゅうだもん。だからさ、おのおのの家で大水の準備を始めるのさ。あたしの家じゃ、雨戸外して押し入れの上段に差し入れて、その上に大切なものなんか置いといた。近所じゃ丸太組んで筏なんかつくってた者もいたね」

「小学校にも舟が置いてあった」

▼明治三五年生まれ　荒川区西尾久　石神寅松さん

下町の大水害
（下町タイムス社・平成７年刊）

「明治四三年頃っていうと、この辺は全部農家で一〇軒ぐらいでね……この辺では各家庭に小舟がありましてね。櫓で漕ぐんじゃなくて、俗に山船頭といって竿で漕ぐものでした。田んぼやってる時は、舟を軒先にぶら下げて使っていました。農家にゃ普通二艘の舟があったんです。……役場にもありましたし、あたしの通った学校も、中二階建てになっていたけど、何艘か置いてありましたね」

次の土曜、ぼくはお父さんと、北区岩淵にある「知水資料館」に行ってみた。

※「古老が語る明治43年の下町の大水害」（岡崎柾男編著　下町タイムス社発行）より抜粋

❐6荒川放水路の建設決まる

荒川知水資料館

北区の赤羽駅から二〇分くらい歩いた所に、荒川知水資料館はあった。二階に行くと、荒川の大きな立体模型地図があって、秩父からの川の流れを紹介していた。利根川の東遷と荒川の西遷の地図も、二重のガラスを移動すると比較できるようになっていて分かりやすかった。

ぼくは、浦山ダムや寄居の川の博物館を指さして、

「あっ、ここも行った、こっちも行ったよね」と興奮した。

明治四三年の大水害を受けて、明治政府は大混乱していた。明治四〇年の水害の時から議会

で議題になっていた「放水路」を急いで作ろうということになり、「荒川放水路」を建設することが正式に決った。

上流から流れてくる荒川の水を隅田川と荒川放水路の二つに分け、隅田川に集中していた水量を分散させるのが目的の工事だ。隅田川の川幅が、一五〇メートルなのに対して荒川放水路は、平均五〇〇メートルの川幅、長さ二二キロメートルというから、すごい工事だ。放水路を掘るために移転してもらった家は一三〇〇戸に上ったという。小学校やお寺も田んぼも移転していった。

荒川放水路を建設したときの様子が分かるジオラマが展示してあった。

荒川放水路の建設工事では、人力でトロッコを押して土を運んで、最新の機械で土を掘り、蒸気機関車で土を運んだりしていたという。バケット掘削機、エキスカベーターという機械が蒸気でカタカタカタカタって動く。鉄のバケツが斜面を削って、土をいっぱいにすくうと観覧車みたいに持ち上げていって、斜面の反対側にザーッとあける。そして蒸気機関車で運んでいく。

一定程度が掘り終わるとレールを付け替えて、また同

人力による土砂運搬
（荒川知水資料館・ジオラマ）

じように繰り返す。すると掘削機械が動いた跡が縞模様になる。掘り上がると、そこに水を張って、今度は船で同じようにして川を拡げていったのだそうだ。

荒川放水路は、岩淵から河口まで一九年もかけて作り上げたんだ。明治四三年の大水害のあった翌年から着工して、昭和五年に完成するまで、人の力と蒸気機関、それから船を使って造り上げた全長二二キロ、幅五〇〇メートルの人工の川なのだ。

隅田川への流れを止めるための岩淵水門の色は最初白だったが、その後の改修で赤く塗られたので「赤水門」とよばれて親しまれている。その後、赤水門の少し上流に新しい水門（青く塗ったので「青水門」とよばれている）が建設され、今は、赤水門は使われていない。

主任技師　青山士《あおやまあきら》氏

荒川放水路建設の工事の指揮に当たった青山士という人の展示コーナーがあった。

青山士は、この荒川放水路を掘る前に、世界でも有名なパナマ運河の開削《かいさく》（土地を切り開いて道路や運河を通すこと）に、日本人で唯一人参加した人物だ。当時は人種差別もあったし、マラリアの流行で闘病したりして、大

建設主任技師・青山士

通水式に作った張りぼての水門

変な苦労をしたらしい。

　パナマ運河の開削には最新の機械がたくさん使われていた。青山士は、七年半パナマ運河で大規模な工事をやる方法を学んで、一九一二年（大正一）に日本に帰ってきた。そして、すぐに内務省に就職し、荒川放水路の工事にかかわらせてもらった。岩淵水門工事の主任を経て、放水路工事全体の主任にまでなり、指揮を執った。

　大規模機械を入れて荒川放水路の工事をやり遂げたのだ。この間、一九一四年（大正三）には第一次世界大戦が勃発、一九二三年（大正一二）には、関東大震災があり工事現場で二八ケ所も地盤が陥没したり、橋が崩れたりして大変だったらしい。関東大震災では、「朝鮮人が井戸に毒を入れる」といううわさが広まって、関東各地で朝鮮人虐殺が起きた。荒川放水路でも虐殺があり、青山士は、心を痛めたのだそうだ。

　一九二四年（大正一三）に遂に掘り進んだ水路に水を通す「通水式」が北区岩淵で行われ、多くの人がお祝いに訪れたそうだ。町の人もタキシード姿の人も大勢写っていた。青山士は、キリスト教の影響を受け、人のために世界のために働きたいという気持ちが強い人だったそうだ。

この工事が終了したときに設置した記念碑が、知水資料館の入り口わきに置かれていた。青山士が設置したという碑に、工事主任青山士の名前はなくて、ただ「この工事の完成にあたり、多大なる犠牲と、労力を払いたる吾らの仲間を記憶せんが為に　荒川改修工事に従える者に依りて」とだけ書いてあった。

工事では、九九八人のうち死傷者二二人が出たそうで、その仲間を思ったものだろう。そして、通水式の後、工事にかかわった労働者全員と記念の写真を撮ったという。今では当たり前のことの様だけど、当時の労働者からすると、所長と一緒に撮るなんて、びっくりするようなことだったらしい。

通水式の後も、中川や綾瀬川の付け替え工事、舟運の便の確保のための水門や閘門《こうもん》（パナマ運河みたいに水位の高さを調節するためのロックゲート）の工事を行って、荒川放水路の工事は、一九三〇年（昭和五）にすべて完了した。

その後、青山士は日本で最大の長さの信濃川の大河津分水の修復工事を任されたそうだ。その完成後には、こういう碑を残している。

「万象に天意を覚えるものは幸せなり。人類の為、国の為」これは、「自分の一生の中で自分がやらなければならない仕事を悟ることができ、それを全うできることはすごく幸せなことだ。人類のため、国の為に働きたい」という意味なのだそうだ。

工事完成を記録した石碑

青山士は、荒川改修工事についての講演会でこんなことを言っている。「低水路を掘った土や浚渫船でさらった土は、合計で三百三十万立方坪（二千万㎥）で、エジプトにある一番大きなピラミッドを八つ作れるほどの土の量です。全体の費用は、全部で二千九百四十五万円が必要になるでしょう。大金のように思うけれど、軍艦一艘こさえれば、三千二百万円はかかります。軍艦たった一艘で荒川下流の水害を防ぐことができるのです。そうすると、百姓が助かるだけではなく、隅田川沿岸に工場を持つ人々も助かります。そればかりか洪水では人も死にます。……あと少しで放水路によって東京市が水害から完全に保護されるのです」

荒川放水路の岩淵水門が完成（一九二四年）してからあと少しで百年になるけれど、これまで一回も川から水が溢れるような洪水は起きていない。すごいことだよね。「荒川放水路」は、一九六五年（昭和四〇）から正式に荒川の本流とされ、「荒川」と呼ばれるようになった。それに伴って岩淵水門から分かれる旧荒川から先が「隅田川」と呼ばれるようになったんだ。

❐7あらかわ学会訪問

あらかわ学会事務局は、ぼくの家と同じ足立区内にあったので、ぼくとお父さんとで予約して、事務局長の三井元子さんに会いに行った。すると、理事の大平一典さん、土屋信行さん、鈴木誠さんも来てくれていて、話を聞くことができた。

放水路建設のために移転した人々

◆あらかわ学会理事長　大平一典さんの話

大平さんは、三三代目の荒川下流河川事務所の所長さんだった人だ。青山士は、三代目所長だったのだそうだ。大平さんは、この放水路工事のために移転した人たちのことを教えてくれた。

荒川放水路は、岩淵水門から全長二十二キロメートル、河川敷を入れた川の幅は、約五〇〇メートルだったから、約一〇八九ヘクタール（東京ドーム約二三二個分の面積）もの用地買収が必要だった。そして約一三〇〇戸の家に移転してもらわなければならなかったんだ。そこには田畑だけではなく、学校も神社もあったから、放水路完成後は大きな川を渡らなければ元の小学校にいけない子どもたちも出て、別の学校に通うことになり、友達と別れ別れになっちゃったという子もたくさんいたんだそうだよ。

この事務所の近くにある元宿神社という所には、「感旧碑」という石碑が建っている。そこには、「大永六年（一五二六）から先祖代々この元宿に住み、たくさんの良い田んぼを作ってきました。明治四〇年、四三年の洪水に会ってもこの土地を離れませんでした。それなのに、内務省が荒川放水路の工事を始めたので、四〇〇年住み続けたこの土地を離れることになり、先祖伝来の土地をすべて国家に提供して、泣く泣く移転して行くことになりました。そのことを伝えるために石碑を残します」という文が刻まれているんだよ。と話してくれた。

ぼくは、大人も子どももみんな大変な思いをして、放水路建設に協力したんだなあと思った。

荒川と運河

◆あらかわ学会理事　土屋信行さんの話

土屋信行さんは、東京都の職員から江戸川区の土木部長になり、今はリバーフロント研究所という所で仕事をしている。舟運の話をしてくれた。

日本橋付近の舟運風景（歌川広重・足立区立郷土博物館蔵）

舟運のための水路

徳川幕府が、利根川を東に移し（東遷）、荒川を西に移し（西遷）た目的は、

① 埼玉平野の東部を洪水から守り、新田開発を促進すること

② 江戸市中へ秩父の木材を運ぶ舟運路を開発すること

③ 江戸の洪水を防ぐこと、だった。

ところが、利根川と荒川で同時にその付け替え工事をやったために、米を作るときの水が足りなくなった。そこで造られたのが「葛西用水」という用水路だ。利根川の最上流の羽生という所で水をとって、葛西用水を作って水を流し、足立区、葛飾区を通って江戸川区まで、稲作のための水を確保したんだ。

一七〇〇年代前半には、葛西用水路でつながった地域は、舟やいかだで荷物を運んでいた。浮世絵を見てみると、葛西用水路の岸に人がいて、みんな縄で舟をひっぱっているでしょう？ これを「曳舟《ひきふね》」って言うんだ。　葛西用水路はほとんど真っ平らな川だったので、舟を漕いで動かすよりも、引っぱってもらって動かす方が速かったんだね。舟を曳いて動かした場所ということで、墨田区には「曳舟」という地名がいまも残っているんだよ。スカイツリーの近くだ。

「四ツ木通用水引きふね」（歌川広重・足立区立郷土博物館蔵）

荒川ロックゲートの建設

大きな荒川放水路を掘ってしまったために中川などの水位が変わってしまった。そこで青山士は、閘門（ロックゲート）が必要だと考えた。パナマ運河も太平洋と大西洋の水位差を調節するためにパナマロックというものを作った。高い水位の所から、水面の低い所に行くために、水路に仕切り板を入れて舟を入れ、仕切り板を閉めてから水位を下げて待つ。次に進む方の川の仕切り板を開けて、舟が水面の低いほうに進むというものだ。

この仕組みをロックというので、門と合わせてロックゲートという。荒川放水路には、小松川閘門と、船堀閘門という二つのロックゲートを作った。ところが、写真のように舟がいっぱい来すぎて、この閘門の中に舟があふれて大渋滞になった。

小名木川閘門での渋滞（提供：国土交通省 荒川下流河川事務所）

あまりにもひどいので、もう一つ閘門を作ることにした。小名木川閘門という。それでも舟の渋滞はなくならなりそうにない。そこで、中川と綾瀬川をつなぐ運河を作ることにしたんだ。

舟運の渋滞を救った「花畑運河の建設」

昔江戸の町に埼玉からの物資を運ぶ舟運は、荒川の他に、綾瀬川、もう一つは中川、それから江戸川があった。ところがここに荒川放水路ができたために、隅田川へ入る舟運路が分断されてしまった。ロックゲートは渋滞している。

仕方がないので、中川と綾瀬川が一番狭くなっている所に新しく花畑運河を掘ることにしたんだ。これは、一九二〇年（大正九）に制定された「都市計画法」に基づいて開削（新しく掘ること）することが決定された関東初の運河だ。この運河を通すことで十六キロメートルもの短縮になり、産業の発展につながるとして、一九二一年（大正一〇）に開削が決定された。

開削当時の花畑運河
（足立区立郷土博物館蔵　千ヶ崎家資料）

現在の花畑川（足立区、準用河川）

しかし、一九二三年（大正一二）に関東大地震が起こり、一度計画はストップする。一九二六年（大正一五）に改めて花畑運河開削が承認され、一九二七年（昭和二）に着工、一九三一年（昭和六）に完成したんだ。花畑運河の開通によって、東京の舟運の大渋滞問題に、終止符を打つことができたと話してくれた。

荒川の五色桜とアメリカ交流

◆あらかわ学会監事　鈴木誠さんの話

あらかわ学会の元理事長の鈴木誠さんは、東京農業大学の造園科学科教授だ。「荒川は水練場の話も有名だけど、日本からアメリカに送られた桜の話でも有名なんだ」と、「荒川堤の桜」という本を見せながら話してくれた。

明治一九年の水害で崩れた荒川（旧荒川）の土手を修理して、人がたくさん訪れるように桜を植えようと、江北村（いまの足立区江北）の人たちがお金を出し合って、七八品種、三二二五本の「里桜」と呼ばれる様々な種類の桜を植えた。里桜でよく知られているのは、八重桜（関山）だが、ここの桜は、ピンクから、紅色、黄緑色、白など様々な色の花が咲いたので、そのころの人々は、「五色桜」と呼ぶようになった。

絵ハガキ「江北荒川五色桜」鈴木誠氏蔵

桜の開花宣言や桜開花前線で有名なソメイヨシノよりも、開花が二週間ほど遅いので、荒川堤に行けばまだ花見が楽しめると次第に知られるようになって、村おこしに成功したんだ。有名な夏目漱石の「虞美人草」という本にも、「荒川の桜はまだ終わってないから一緒に見に行こう」と主人公が、彼女をデートに誘う場面が出てくるんだよ。

全米桜の女王コンテスト

そのころ、何度も日本に来ていたアメリカ人のジャーナリスト、エリザ・シドモア女史が、一八九〇年（明治二三）に日本の印象を旅行記にまとめた。シドモアさんは、隅田川にのぞむ向島（隅田堤）の桜に魅了され、アメリカの首都ワシントンD・C・にも花見の名所をつくりたいと強く思った。

その後、いろいろな人の努力が結ばれて、一九一二年（明治四五）、一一種類、三〇二〇本の桜が東京市からアメリカへ寄贈されて、ポトマック河畔に植えられ、ワシントンD・C・の観光名所になっている。

桜並木のお陰で、新たな雇用も生まれたとして、とっても喜ばれているんだ。アメリカの小学校の教科書にも載っていて、「日本からの平和の使者」として有名なんだよ。

と話してくれた。ぼくは、そんなこと、ちっとも知らなかった。

鈴木先生は、アメリカの売店で売られていた絵本を見せてくれた。幼児向けの絵本だけど、日本からアメリカに桜が寄贈されたことが、ちゃんと書いてあった。今でも毎年、桜が咲いて、全米からの観光客がワシントンD・C・に来るんだそうだ。ぼくも「全米桜の女王」のニュースは見たことがあったけど、まさか日本からの桜だとは思ってもいなかった。

ところが、本家の荒川堤では、明治時代にできた工場の影響や明治四三年の大水害、荒川放水路開削、関東大震災、第二次世界大戦などがあって、すべての桜が消滅してしまった。

そこで、一九五二年（昭和二七）と一九八二年（昭和五七）にアメリカから里帰り桜を寄贈してもらって、区内の公園や小・中学校に植えたそうだ。それから、一九九九年（平成一一）の桜づつみ事業や二〇一一年（平成二三）の平成五色桜事業によって、今では荒川下流の土手に里桜が多く見られるようになった。もう少し成長すれば、昔の荒川堤のように大勢の人が花見にきて、また観光名所になるかもしれないね。

「二〇二二年（令和二）は、日米桜交流一一〇周年なんだよ」と鈴木先生が言った。

三井さんの話では、あらかわ学会は日米桜交流一〇〇周年の年に、ポトマック川と姉妹河川提携を結び、WEB交流を進めているという。

あらかわ学会では、足立区の小・中学校に植えられた里帰り桜が、今どうなっているかを調査するのだそうだ。ぼくの学校にも植えられているのだろうか。今度学校に行って、校庭の木をよく見てみよう。

ポトマック川沿いの桜
(Curtis Dalpra 氏提供)

水練場のあった荒川放水路

◆あらかわ学会事務局長　三井元子さんの話①

三井さんは、千住の荒川土手のすぐそばで生まれ育った。お父さんは水泳が得意で、大学生のときには毎年荒川放水路で行われていた水練教室で講師の助手もしていたという。お父さんは写真好きだったので、水練場の写真をたくさん撮ってアルバムにしてあった。三井さんが、それを見せてくれた。

そのころはプールなんてないから、夏になると柔道や空手を教えていた道場が、夏期講習会として水練場を開いていたそうだ。なんでも荒川下流だけで二二ケ所あったというからすごい。

写真で見るとたくさん生徒がいて、お母さんたちは岸辺から黒い傘をさして大勢見学している。初級者用には、川岸から近い所に横棒が張られていて、そこにつかまってバタ足の練習をしていたそうだ。川の中央に船が浮かび、中級者や上級者はそこまで泳いだという。

その船の上に飛びこみ台が作られて、飛びこみの練習をし

（荒木良二氏撮影　三井元子蔵）

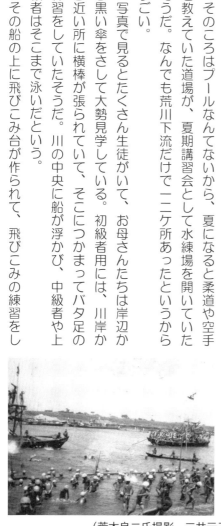

ている写真があった。まるでオリンピックの選手みたいなきれいな飛込みだ。向こうに見えているのが千住新橋で、大勢の人が見学している。遠泳大会もあったそうだ。

寒中水泳の写真もあった。はじめは隅田川の千住大橋付近で行われていたけれど、隅田川の水質が悪くなり荒川放水路でやるようになったんだって。その荒川もどんどん水質が悪くなって、太平洋戦争後二年ぐらいで泳ぐことができなくなった。それから、十四年後、三井さんが七歳のころには、泳げたことが信じられないくらい臭くて、汚かったという。

第二次世界大戦（一九三九〜四五年）が終わって、敗戦した日本は、経済を立て直すため、荒川下流の両岸に化学工場や鋳物工場をどんどん建てた。そして、今みたいに排水規制という法律がなかったから、工場の汚れた水を川へ直接捨てていたのだそうだ。そのせいで、川がどんどん汚れていった。

「この時代は、電車で隅田川をわたるときは、みな窓を閉めたり、鼻をつまんだりしたという。戦争が終わった一九四五年（昭和二〇）から昭和三五年くらいの、たった一五年間で、全国の川が一斉にひどく汚れていったのだ。

そのころは、まだ工場排水の規制がなかったためで、一九五八年（昭和三三）に「水質二法」と「下水道法」が成立し、その後「水質二法」は廃止され一九七〇年（昭和四五）「水質汚濁防止法」という法律に代わって、規制が整理された。しかし、工場排水は少しずつ改善されたものの生活排水をたれ流しにしている地域は残っていて、なかなか泳げる水質まではならなかった。

三井さんが小学一年生の頃は、一番水質が悪かったころで、「なんでこんなきたない川で泳げたのか、不思議でたまらなかった」という。

でも、水質汚濁防止法ができてから約五〇年、今ぼくたちが見ている荒川は、泳げそうな気がする。だって、水上スキーの練習をしている人たちが、川へ落っこちても平気な顔してるもの。荒川放水路でまた遠泳大会が見られる日が来たらいいなあ。

荒川のごみ学習

◆あらかわ学会事務局長　三井元子さんの話②
あらかわ学会事務局長の三井さんは、足立区のNPO法人エコロジー夢企画の理事長としても活動している。二〇二一年（令和三）六月二五日、足立区北鹿浜小学校に頼まれて四年生（三六人）の「荒川のごみ学習」を足立区・本木水辺の会と一緒に指導した。

ここは二〇一七年（平成二九）に、国土交通省荒川下流河川事務所が自然再生事業として干潟を整備した所だ。けれど、保全活動する団体がなく、葦原になってしまったそうだ。足を踏み入れることもできないほど草が伸びていたが、今年は、事前に荒川下流河川事務所に草刈りをしてもらった。

コラム　荒川の水質

荒川放水路通水後、隅田川上流の沿岸に工場が建ち始めたことから、川の汚濁は昭和初期頃から始まった。太平洋戦争を挟んで昭和25年（1950）頃までは、隅田川などの都市内を流れる川もいったんはきれいになり、人が泳ぐこともできた。しかし、戦後、工業が隆盛となるにつれ、河川の汚濁も激しくなった。

こうした事態を受けて取り組まれた、浚渫や浄化用水の導入、下水道整備の進展により、水質は徐々に改善していった。

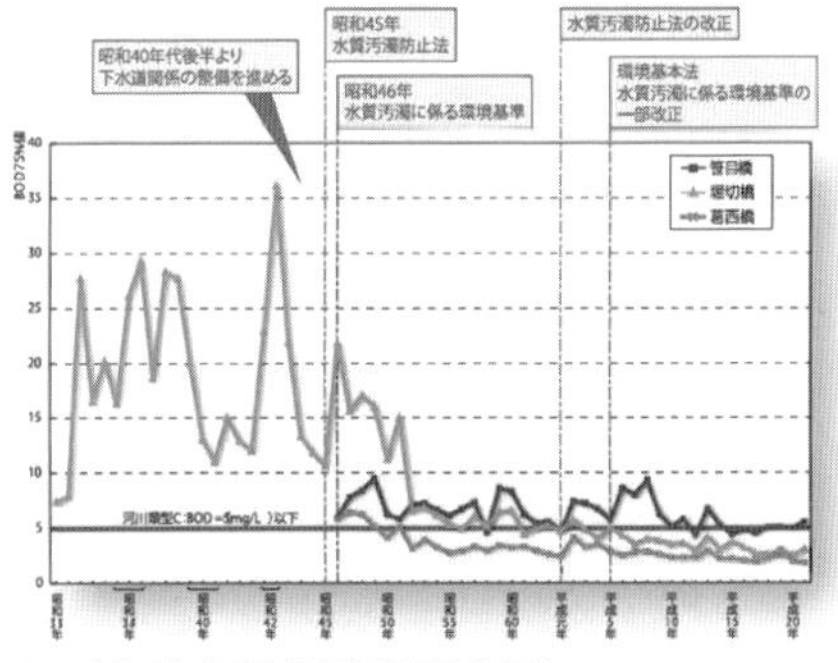

BOD（生物化学的酸素要求量）
経年変化図（提供：荒川下流河川事務所）

北鹿浜小学校のみんなと行ってみると「わ〜！」っと歓声が上がった。元の大きなワンド（入り江のような所）が出現していたのだ。

「河川事務所が、草を刈ってくれたから、今日はもっときれいにして、みんなの遊び場にしよう！」と生徒に声をかけた。

「何の為にごみを拾うんだろう？」との三井さんの問いには、「大人になった時にも生き物がいるように…」という答えが返ってきた。そこで、「今日はごみを見るだけじゃなく、生き物探しもしてみようね！」と話して、ごみ拾いを開

写真：三井元子さん提供

始したそうだ

するとまるでご褒美みたいに、亀の産卵をみることができた。（ミシシッピアカミミガメという外来種ではあるが）ポコッと卵を産んでは、後ろ足で砂をかけて隠していた。そんな姿を見られたのはラッキーだった。生徒たちは、ほかにアマガエル、ヘビ、カニ、ゲジゲジ、クモ、バッタも見たそうだ。

突然降り出した雨に、橋の下まで退散し、ごみのカウントをした。いつも一人で荒川河川敷のごみ拾いをしているお爺さん（八三歳）に出会った。小学生と一緒にごみ拾いして、ごみのカウントも手伝ってくれた。そして、

「いやあ、たまに子どもたちとごみ拾いをすると楽しいねえ。若返っちゃったよ」

と、つやつやの笑顔をむけたという。

みんなで「また荒川にこよう！」と声を合わせて記念写真を撮った。

その写真を見せてもらった。スカイツリーも見えて、とっても素敵な場所に変身しそうだなと思った。

コラム　ポイ捨てされやすいゴミトップ5

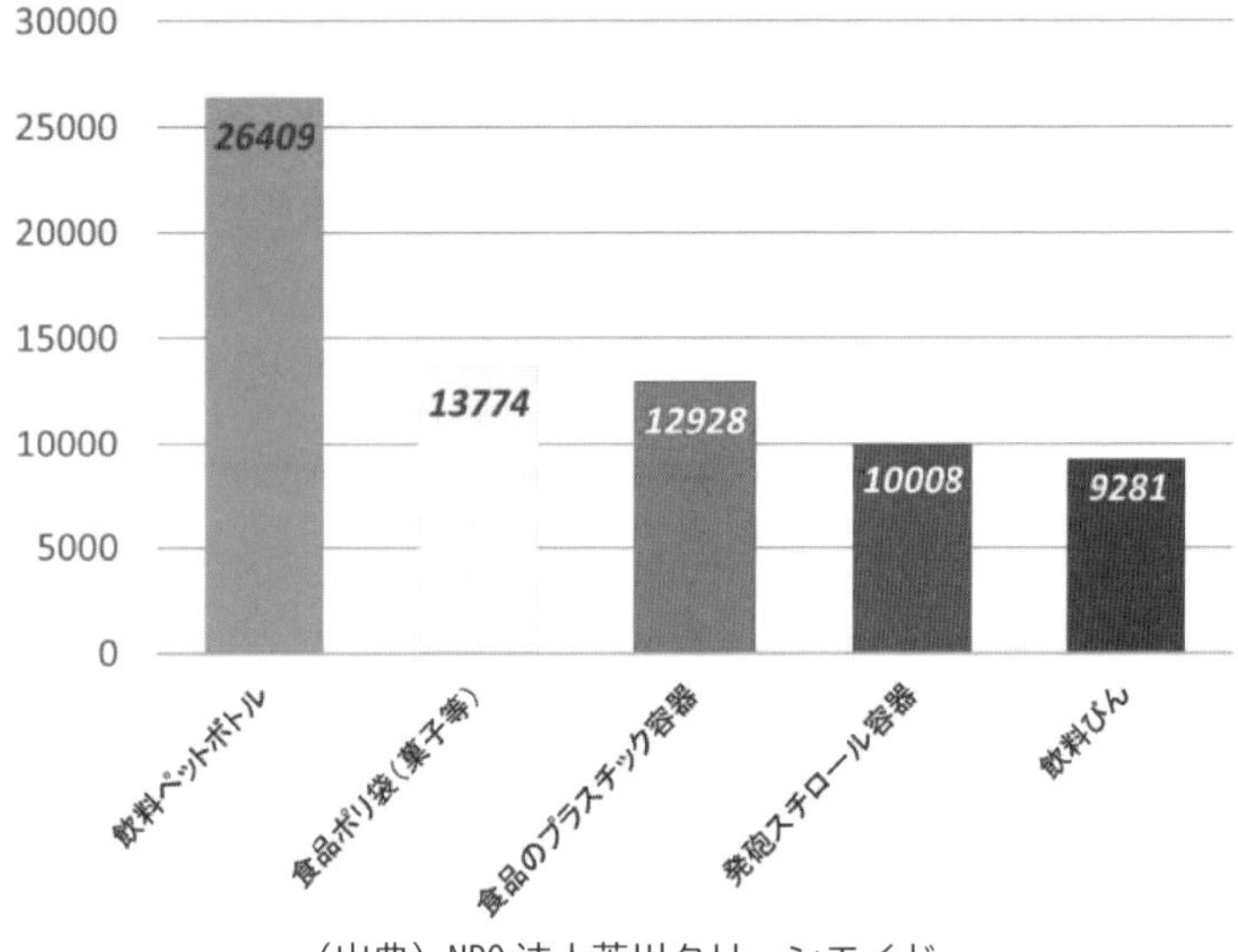

（出典）NPO法人荒川クリーンエイドフォーラム2019　報告集より作成

□8地球温暖化と荒川の未来

異常気象と海面上昇

地球全体を取り巻く地球温暖化による異常気象は、あちこちで干ばつや、大洪水、大型のハリケーンを発生させている。

実際に日本で、「バケツをひっくり返したような雨」と言われる一時間に五〇ミリをこえる雨が、どんどん増えてきている。「滝のような雨」と言われる一時間に一〇〇ミリの雨も三〇年前は、平均一・九回だったのが、今は二・五回、二・八回というように増え、洪水も増えてきている。

地球温暖化で海面が上昇し、南太平洋の島々が水没してしまうと言われている。日本の広島県の厳島神社でも、「水破りの廊下」という建物があり、二、三年に一度海水が被るとそこで歌会を開くという優雅な風習があったんだけど、二〇〇〇年を境に海水を被る回数が増えてきているそうだ。これも地球温暖化による海面上昇が原因だと言われている。

コラム　世界の平均気温と海面水温の上昇

産業革命が始まった一九八〇年代から急激に世界の平均温度が上昇している。それと並ぶように海面水温も上昇しているのが分かる。特に二〇一〇年以降、上昇率が大きいことが分かる。

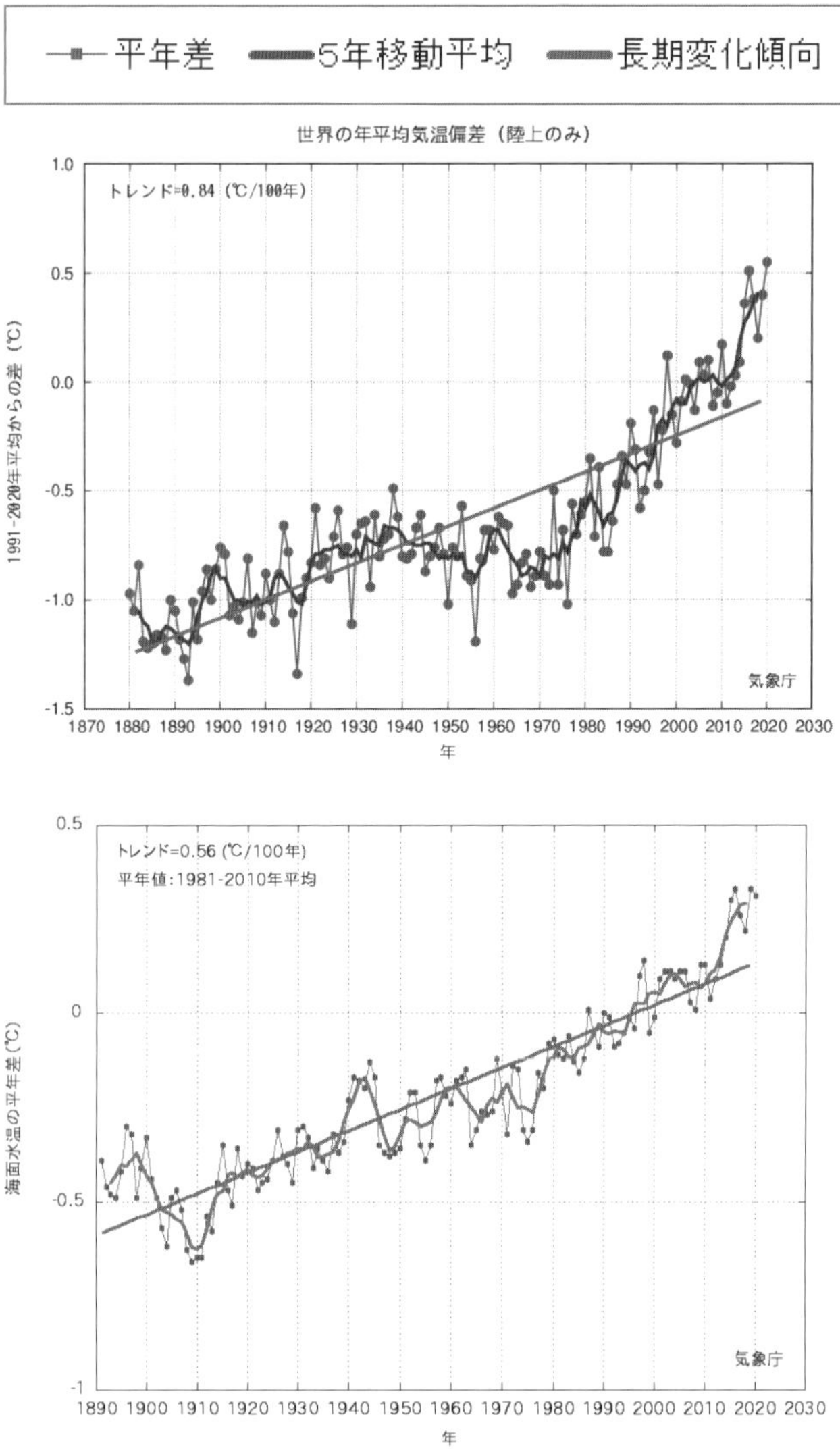

世界の平均気温と海面水温の上昇

❐9台風一九号の被害を振り返る

マイ・タイムライン・振り返り ―ぼくはその時何をしていたか？―

台風一九号は一〇月一〇日から一四日まで静岡県や新潟県、関東甲信地方、東北地方を中心に広い範囲で記録的な大雨を降らせた。明治四三年の長雨と似ている。一〇日からの総雨量は神奈川県箱根町で一〇〇〇ミリに達し東日本を中心に一七地点で五〇〇ミリを超えたという。

全国の被害を調べてみると、七一河川一四二ケ所で決壊し、浸水家屋は五万九七一六戸、死者が九六人、行方不明者四人であったという。

国土交通省の発表（二〇二〇年八月二一日）によると、二〇一九年一〇月の台風一九号による被害総額は、約一兆八千六百億円（暫定値）にのぼった。津波を除く水害の被害としては、一九六一年の統計開始以来で最も多い額だったという。

荒川上流河川事務所のホームページによると、「大型の台風一九号の通過に伴い、荒川上流域の雨量観測所では、降り始めからの総降水量が、三峰山頂《みつみねさんちょう》雨量観測所（埼玉県秩父郡）で五九五ミリメートル、名栗《なぐり》雨量観測所（埼玉県飯能市）で五六二ミリメートルを観測した。一〇月一三日九時頃に、都幾川右岸、越辺川左岸、越辺川右岸の堤防が決壊した」とある。

荒川下流河川事務所のホームページによると、「令和元年十月十二日二十時五〇分に岩淵水門（上）水位観測所の水位が、ＡＰ＋四メートルに達していたため、閉門操作を開始し、二一時十七分に全閉しました。その後水位の低下により十五日（火）五時二十分に全開しました」

とあった。

だけど、閉門した後、水位はＡＰ＋七・二二メートルまで上がって、あと五三センチメートル雨が降り続いていたら、水門を超えていたという。

（※ＡＰ＋四メートルとは、荒川の河口部を０として、この地点の水位が四メートルあったということを示している）

ぼくたち家族は、荒川下流の足立区に住んでいて、一〇月一二日の一六時頃、小学校の避難所に着いた。その日の二〇時五〇分には、岩淵水門地点の水位がＡＰ＋四メートル（※）に達していて、青水門（岩淵水門）を閉鎖し、隅田川への洪水流入を防いだということになる。その後も雨は降り続き、一〇月一三日五時二〇分には、岩淵水門（上）水位観測所の水位が避難判断水位ＡＰ＋六・五メートルに達していた。

「雨はやみましたが、現在も水位は上昇しています。引き続き、今後の

通常時の岩淵水門

台風19号で閉門した岩淵水門
（提供：荒川下流河川事務所）

河川の情報等にご注意下さい」とその時間帯に、荒川下流河川事務所からの速報が流れていたらしい。

岩淵水門（上）では、一〇月一三日九時五〇分にＡＰ＋七・一七メートルに達した。氾濫危険水位は、ＡＰ＋七・七〇メートルと定めてあるから、本当にあと〇・五三メートルで川の水が堤防を越えて、街中に入ってきていたんだ。まさに危機一髪。この時、運よく引き潮になってきたので、水位が下がってきて、被害が出なかったということだ。

ところで、一〇月一三日午前五時二〇分というのは、まさにぼくたち家族が避難所から帰ってきたころだ。ぼくたちは、他の人たちよりは長く避難所にとどまっていたつもりだったけれど、実は九時五〇分すぎまで、いなくちゃいけなかったんだね。

荒川下流域だけを見ると被害はなかったようである。まさに放水路開削のお陰と言えそうだ。

荒川上流河川事務所のホームページをもう一度見ると、実は、岩淵水門を閉鎖しただけで下流部が守られたわけではなかったことが分かった。

この前、見に行った荒川第一調節池（彩湖）では、一〇月一二日（土）二三時三五分頃、荒川の水を受け入れるためにわざと低くしてある「越流堤」から水が入り始めた。

通常時の彩湖

今回は、過去最大の約三千五百万立方メートルを貯留し、荒川下流域の洪水被害の防止に貢献したという。下流部は、彩湖によって守られたんだね。でも、もし満潮の時とぶつかっていたら、下流部も堤防が決壊していたかもしれない。だから、荒川上流河川事務所では、二〇一八年から二〇三〇年（平成三〇～令和一二）の完成を目指して、荒川第二・第三調節池を作っているところなのだそうだ。これが完成するとさらに五千二百万立方メートルの貯水ができるようになる。

だけど、地球温暖化が進んで、気温が上がって海水面が三メートルも上昇したら、「縄文海進」のころのように川越まで海が広がってしまうかもしれないんだよ。そうしたら、足立区のぼくの家は海の下だ。いったい、どうしたらいいんだろう。

台風 19 号で水をためた彩湖
（提供：荒川上流河川事務所）

昔水塚、今スーパー堤防

川沿いに堤防が作られる前の時代、昔の家では、土を盛って高台を作り、その上に家を建てていた。これを「水塚《みづか》」と言うそうだ。川が氾濫して水が押し寄せてきても、家の中には水が入らないようにする工夫だ。

水塚の周りには木を植えていた。流れが緩くなるので、水が流れ込んできても家が流されないようにする工夫だそうだ。今では、「スーパー堤防」といって、一軒の家だけでなく、町全体を高台にするまちづくりが国土交通省によって進められている。現代の水塚だ。

江東区の亀戸大島公園地区や江戸川区の葛西臨海公園地区、足立区の新田ハートフルタウンなど、所々が高台になっている。

北区岩淵にあった水塚
（提供：荒川下流河川事務所）

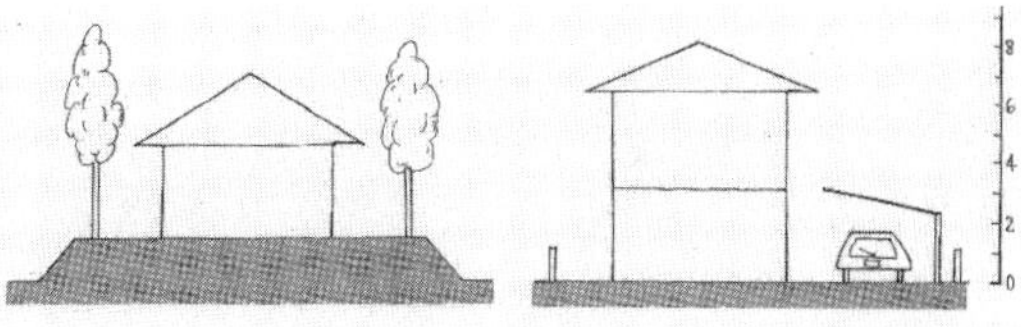

水塚の上にある家（左）、現代の家（右）
（提供：荒川下流河川事務所）

洪水で水が溢れだすと、町側の堤防下がえぐられて崩れ始めることが多いそうだ。そこで、ゼロメートル地帯の住民全員が、「ここに居れば大丈夫」という高台まちづくり「スーパー堤防化」が進められている。ＳＤＧｓの「住み続けられるまちづくり」「貧困をなくそう」にもつながる。皆が平等に安全な生活ができることを目指しているという。

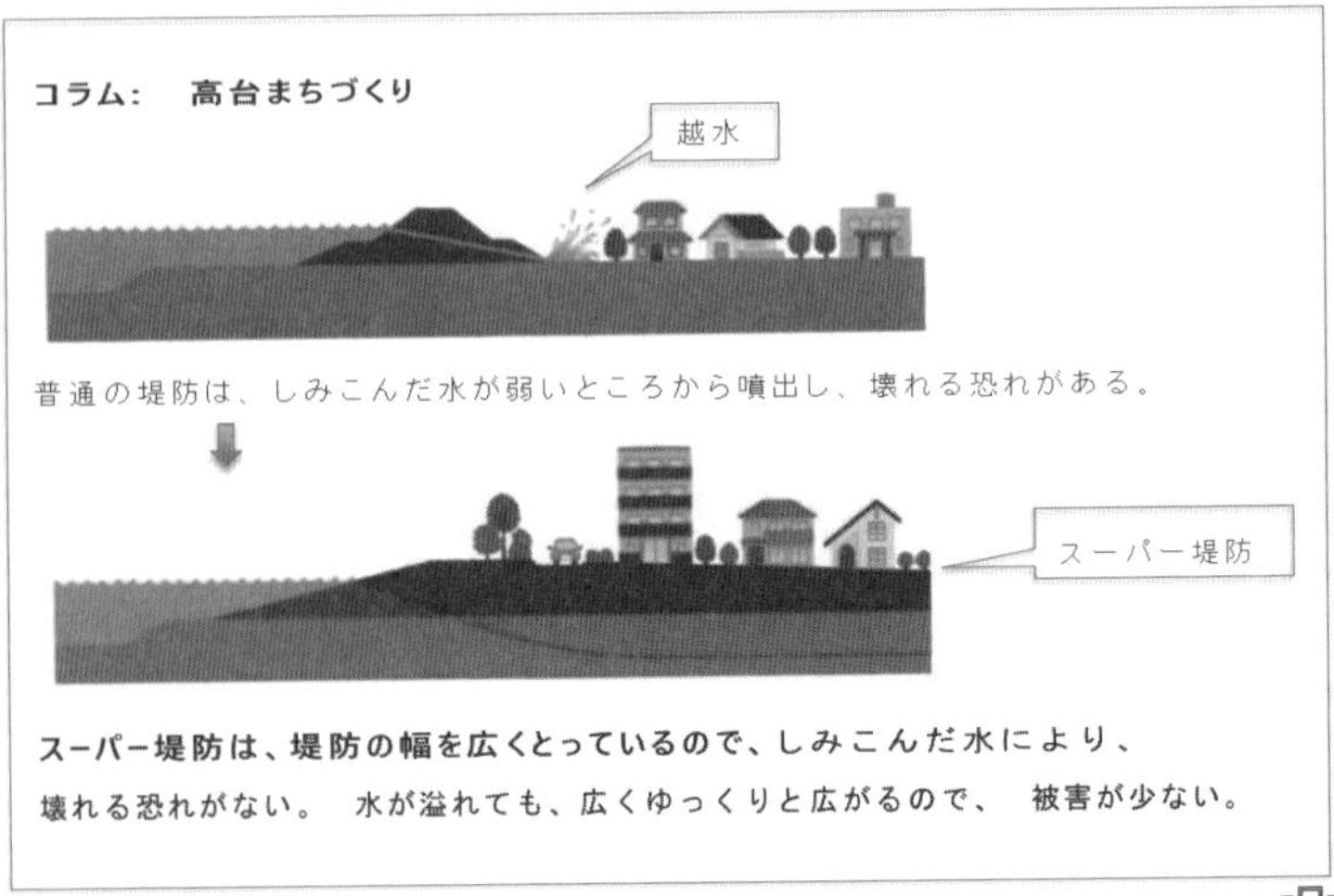

コラム：　高台まちづくり
越水
普通の堤防は、しみこんだ水が弱いところから噴出し、壊れる恐れがある。
スーパー堤防
スーパー堤防は、堤防の幅を広くとっているので、しみこんだ水により、
壊れる恐れがない。　水が溢れても、広くゆっくりと広がるので、　被害が少ない。

（提供：荒川下流河川事務所）

コラム　高台まちづくり

普通の堤防は、しみこんだ水が弱い所から噴出し、壊れる恐れがある。スーパー堤防は、堤防の幅を広くとっているので、しみこんだ水により、壊れる恐れがない。水が溢れても、広くゆっくりと広がるので、被害が少ない。

用心船とカヌー

川が氾濫したら、周囲は海のように水面が広がってしまう。荒川下流ハザードマップを見てみたら、荒川の下流部の町はほとんどが、地盤沈下して低地になっているから、何日も何週間も水が引かないそうだ。

昔は、川に近い家では、用心船《ようじんぶね》を家の軒下なんかにつるしてあって、大水が出たときはこの船で移動して食料を運んだりしたそうだ。

昔の用心船

カヌーをつるす荒川堤防沿いの家

今だったら「カヌーを一家に一艇！」置いておけば、普段から川遊びにも使えるし、いざというときは避難や緊急物資を運ぶことができて良いのになあと思った。僕の家の近くに緑色のカヌーをつるしている家があったので写真を撮らせてもらった。実際、自治体によっては、町会ごとにボートを配備している所があるらしい。

❐10流されていったサッカーボール

次の日曜日、ぼくは妹のミクと家の近くの荒川に、お気に入りのサッカーボールをもって遊びに行った。ミクが、「お兄ちゃん、ボール貸してよ～。一人でばっかり使ってないで！」と言って、ボールを取ろうとしたので、引っ張り合いになり、ボールが転がっていった。

ボールは、緊急船着場のスロープからコロコロと滑り落ちて、川にポッチャンと入ってしまった。ぼくはあわててボールを拾おうとして追いかけていったが、それを見ていたおじさんが、「追いかけちゃダメ！」と大きな声で言ったので、思わず足がすくんでしまった。

『もうちょっとで手が届いたのに』と思ってボールを見ていると、さっきのおじさんが近づいて来て言った。

「危ないところだったんだよ。ここのスロープはコケが生えて、ぬるぬるしてるから、足をすべらせたら深いほうへ落ちて、おぼれるとこだった。いいかい、ボールやサンダルが流されても、水に入って拾おうとしちゃダメだよ」と言った。

『お父さんにしかられたらどうしよう。せっかく星の模様

のサッカーボールを買ってくれたのに』とぼくは、泣きそうな顔をして、ぷかぷかと流されていくボールをながめていた。すると、さっきのおじさんが、

「今は満ち潮だから、ボールも上流へ流されて行くねえ」と言う。

「去年、台風一九号でやってきたイノシシは、追いかけられて、ここから川に飛び込んで、どんどん上流に向かって泳いで行った。そして対岸の『虹の広場』に上がったんだよ。今と同じ満ち潮だったから上流にむかって泳いでいったんだなあ」と言う。

「じゃあ、虹の広場にいけばボールが流れてくるかもしれないんですか？」とぼくが言うと、おじさんが、

「ああ、そうかもしれない。虹の広場の上流にゴミがたまる場所があるから、うまくしたら、あそこに流れ着いてるかもしれないなあ」

そこで、ぼくとミクは、急いで自転車に乗って、千住新橋をわたって、対岸の虹の広場に行ってみた。

「ない、ない。ない」

と言いながら、二人で上流に向かって岸を歩いて行くと、

「あ、あったあ～」

奇跡みたいに、手の届くところに星の模様のサッカーボールが流れ着いていたんだ。なんだか、不思議すぎて手がふるえた。気がつくと、

秋の空が真っ赤に染まっていた。川の水がみるみるピンク色に変わって行く。ぼくは広い荒川放水路を見ながら思った。

『これからも台風や大雨の度に、イノシシが泳いで逃げてきたり、ぼくたちが避難したりするのだろうか』

台風一九号で家を流された神奈川県の人は、まだ仮設住宅で暮らしているという。二〇二〇年は、九州の球磨川、筑後川から山形県の最上川まで大雨となり氾濫が起きて、堤防が数十ケ所で決壊したという。

『地球温暖化の影響で、毎年、どんどん被害がひどくなっている。これ以上被害が大きくならないためには、何が必要なんだろう。ぼくたちにできることって、あるんだろうか』とその時、真剣に考えたんだ。

真っ赤な夕日が沈んだあと、川はトロッとしたマンゴージュースのような色になる。その川は、本当に雄大で、美しかった。

写真：あらかわ学会写真委員会　鈴木基市氏撮影

第二章

荒川放水路通水100周年によせて

①荒川放水路への思い

川を汚すのも綺麗にするのも利用する人間次第です。人間が川に求めるものが変化することにより、川は姿を変え存在の意味も変わってきました。

大平　一典

（おおだいら　かずのり）

❒略歴

1955 年　岩手県奥州市生まれ
1978 年　北海道大学工学部
土木工学科卒業後建設省入省
荒川下流河川事務所長
徳島河川国道事務所長
群馬県河川課長
国土政策総合研究所河川研究部長
国土交通大学校副校長等歴任
2011 年　国土交通省退官後中央大学
理工学部特任教授
2016 年　中央大学理工学部兼任講師
日立造船（株）顧問に就任

❏荒川放水路の恩恵

東京の東部を流れる荒川の下流部は、明治44年から昭和5年にかけて隅田川の放水路として開削された人工の河川です。（図1）令和6年は通水から100年となります。開削された当初は水田が広がる農村地帯でしたが、今日では住宅や工場が密集する大都市地域へと変貌を遂げています。治水対策として開削された荒川放水路は、地域社会、経済、文化等とも深く関わりながら沿川地域や訪れる人々に「治水・利水」以外にも多くの「恩恵」をもたらしてきました。この「恩恵」は、例えば以下のようなものがあげられます。

①自然が殆ど失われた大都会東京に残された数少ない身近でまとまった自然が残る水辺であり、多様な生態系を育んでいます。絶滅の恐れがある動植物も細々ではありますが生息しています。

②雄大な河川景観の中での散策やつり、自然観察やバードウオッチング等のほか、環境教育の場としても活用されています。さらには、大都会の喧騒を離れてゆったりと疲れた心身の『癒しの場』となっています。

③高水敷に整備されたグラウンドは、野球やサッカー等の広い空間を必要とするスポーツができる場となっています。さらに、サイクリングやマラソン等の多様な利用を提供する場にもなっています。

④石油を運ぶタンカーや貨物船、遊覧のための水上バスやプレジャーボート等の水面利用が行われています。利用の利便性を高める船着き場や斜路の整備も進められています。

⑤沿川地域には莫大な資産や人口が集積していることから、大洪水でも決壊しない幅の広い堤防（スーパー堤防）を整備することとしています。これにより眺望の開けた水と緑の潤い豊かなまちづくりが可能になります。江戸川区の「小松川地区」や足立区の「新田地区」が代表的な例です。

⑥広大な空間である河川敷は、震災時の避難場所としての役割が期待されています。関東大震災や東京大空襲の際に荒川に避難して助かった方がたくさんおられます。さらに、阪神・淡路大震災を教訓として緊急物資輸送や他の避難場所との連携強化など、よりきめ細かい備えが進められています。

荒川放水路改修平面図（明治44年当時）

※なお、従来の荒川本流のうち岩淵水門から海までを「隅田川」と呼び、放水路を「荒川」と呼ぶよう昭和40年3月に変更されました。

図－1

❐荒川放水路への思い

川を汚すのも綺麗にするのも利用する人間次第です。人間が川に求めるものが変化することにより、川は姿を変え存在の意味も変わってきました。

江戸時代は、各地の大名による大河川の整備という国土開発が行われた時代でした。徳川幕府による「利根川の東遷」と「荒川の西遷」（図2）、そして、「見沼代用水と見沼の干拓」の整備が代表的な例です。大名の主権は、良田の確保と管理であり、川を主軸とした土地利用（領国）管理が行われました。稲作に欠かせない水利用については、きめの細かい反復利用や水を暮らしに取り入れる様々な工夫がされるとともに、汚さずにきれいに使う、大事に使う等「他人の迷惑になるようなことをしない」、「川はみんなのものだから大事にする」という意識が醸成されていたと思います。川は、恩恵を受けるすべての人たちのものであり、社会全体の財産と言えます。

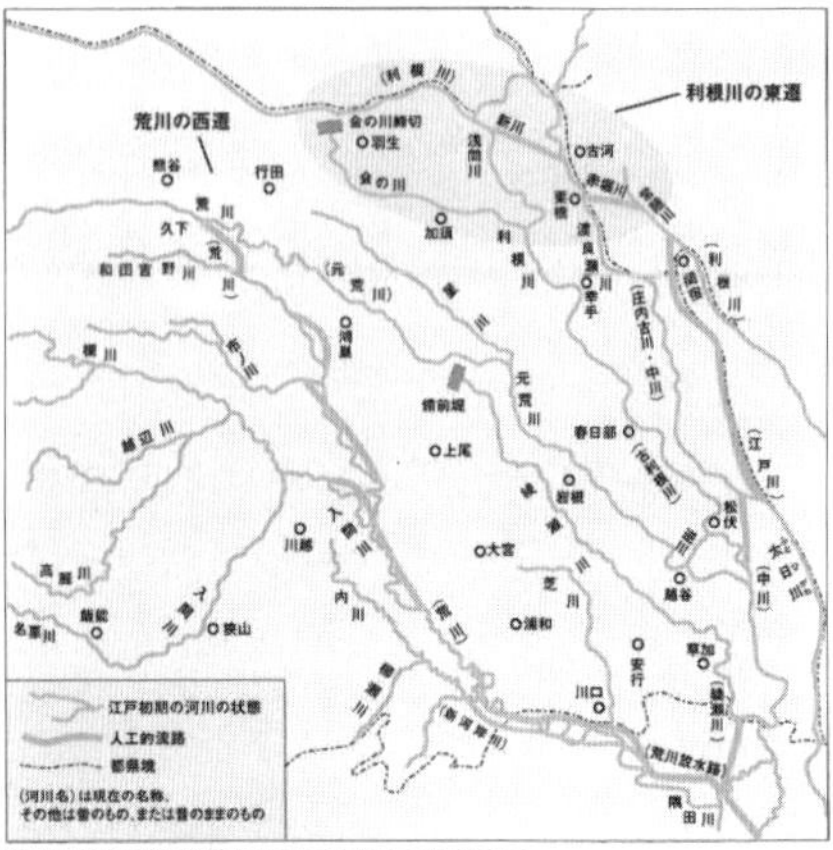

利根川と荒川の流路の変遷（出典：「埼玉県の歴史」小野文雄，131頁より）

図－2

明治時代以降は、「治水技術で川を治める」という考え方が主流となりました。日本の繁栄は、「荒川放水路」のような治水対策の進展が基礎になっていることは確かな事実です。ですがその一方で、洪水の氾濫原でもある低平地に人口や資産が集積し、川は高く大きな堤防とコンクリート護岸に覆われ、水は汚れ、水害発生頻度の低下とともに人々の川への関心は薄れてきたと思います。

今日、地球温暖化による気候変動の影響への関心の高まりや自然環境の重要性への認識の変化、さらに、ボランティア活動等社会参画を志向する人々の意識の変化の中にあって、川の存在の意味や役割も大きく変化しつつあるように感じられます。治水は、河川の持つ機能の一つに過ぎません。川もまた多様な機能を持つ場へと変化して行くことは当然の流れです。

「我々にとって川とは何か？（価値、魅力、〝場〟としての可能性等）、どんな関わり方が望ましいか？、そのためにはどんな川の姿がふさわしいか？」といった問いの答えを見つけることが重要な課題です。

特定非営利活動法人あらかわ学会は、この答えを見つけ、よりよい荒川放水路づくりに生かしていくことを目的に結成された団体です。荒川放水路通水１００周年を迎え、「百年の想い、１００年の未来」というテーマを掲げ、活動を展開しています。より多くの方々のご理解・ご協力、そして、活動への参加をお願いする次第です。

② 洪水の歴史から学び未来の安全を目指す

高台づくりを目指してこれからの東京の強靭化と首都の継続性を確固たるものとすること、すなわち人と人の結びつきを大切にし、困難を克服して安全なまちを造ることは「人と人を結ぶ心の事業」なのである。

土屋　信行

（つちや　のぶゆき）

❐略歴

工学博士。

1975 年東京都入都、道路、橋梁、下水道、まちづくり、河川事業に従事。

江戸川区の「ゼロメートル地帯」安全高台化土地区画整理事業のまちづくりに携わる。

ゼロメートル地帯の洪水での安全を図るため 2008 年に江戸川区土木部長として海抜ゼロメートル世界都市サミットを開催し幅広く災害対策に取り組んでいる。

現在、公益財団法人リバーフロント研究所技術審議役、

日本河川・流域再生ネットワーク代表理事、ものつくり大学非常勤講師。

□1はじめに

荒川放水路は今から100年前に通水を開始した人工の川である。約20年をかけ、多くの人々のかん難辛苦の取り組みにより完成した。その中にはわずか11歳の少年が労務に携わり、エキスカベータという蒸気機関掘削機に巻き込まれ落命している。この工事の陣頭指揮を執ったのが青山士である。私は青山士と奇しき因縁を感じている。青山士は荒川放水路の工事を完成させると信濃川の大河津分水路工事で自在堰の陥没事故の復旧に従事した。そこでは私の祖父も分水工事に携わっており、33歳の時現場で他界した。この時祖父は私に大変重い遺言を残した。「我、郷のために死す！汝、誰が為に死すか！子々孫々これを申し伝えよ。」というものであった。

今、私は荒川流域の水害に対し、地域の方々と水害被害の低減のための治水に取り組んでいる。祖父と青山士の繋がりが、巡り巡って今、私と荒川放水路を結び付けているように感じている。今、多くの市民が荒川が開削された人工の放水路だと知らず、昔からあった自然の河川だと思っている。このような人工の放水路は荒川だけではなく東京都内では江戸川、新中川などども開削された人工の放水路である。

古くは江戸時代、多くの堀や河川が開削され江戸という町を形成してきた。そして、これらの人工的に開削された放水路が存在し続けていることこそが、災害を後世に伝える記念碑である。

□2利根川の東遷事業・荒川の西遷事業がもたらしたもの

１５９０年（天正18年）に江戸に入府した徳川家康は、江戸に安全で安定的な内川舟運路を確保するため、大規模な河川改修に着手する。そのひとつが利根川の東遷事業である。この事業は１５９４年（文禄３年）の会の川を締め切り、利根川の川筋を東に移して渡良瀬川に合流させたのを始めとして、その後渡良瀬川と鬼怒川を結ぶ水路を新たに開削し、１６５４年（承応３年）には利根川が鬼怒川と合流し、銚子に注ぐ大河を造った。この事業により渡良瀬川の川筋も変わり、その下流部であった太日川が江戸川と呼ばれるようになった。この事業により江戸のまちと太平洋が河川で結ばれるようになり、銚子などからの舟運が発達したのである。江戸時代以前の利根川は、武蔵国を縦断し、荒川と共に江戸湾に注いでいた。荒川もまた西遷事業により西に付け替えられ、その最下流部が隅田川となり江戸湾に注ぐこととなった。

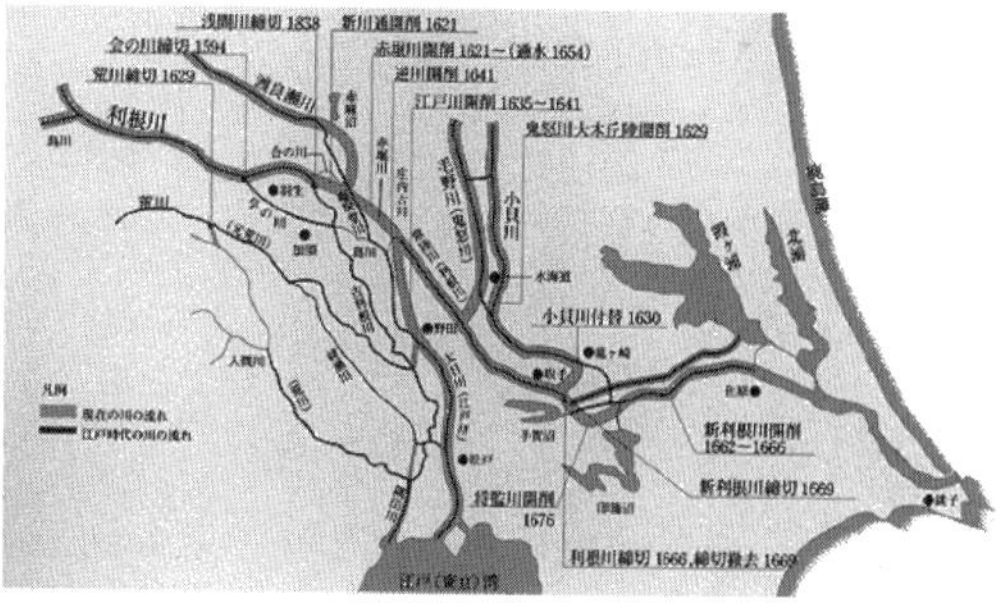

国土交通省利根川上流河川事務所

こうした河川の付け替えが、この後関東地方に数々の洪水の歴史を重ねることとなった一つの要因とも言われている。水は低きに流れ、高い方へ逆流はしない。土を盛り土手を築き河川を付け替えても、一旦洪水が起これば、洪水は昔流れていた川筋に従って流れる。いわゆる「先祖返り」をしてしまうのである。もともと流れていた川筋に従い流れ下るため、幾多の洪水を同じ場所で引き起こすのである。そのため江戸のまちは度々大きな水害の被害を受け続けてきた。

さらに1783年（天明3年）の浅間山の大噴火、いわゆる天明の大噴火により噴き出された火山灰が利根川に流れ込み、川底を浅くしたため、その後関東一円が大洪水に見舞われることとなった。この天明期に限らず、江戸時代だけで大洪水がおよそ150回、小規模洪水を入れるとおよそ250回もの洪水が、関東平野で発生している。

❒3明治43年の大洪水と荒川放水路

明治維新を迎えても洪水は治まらず、むしろ都市化の進展により深刻化していった。特に明治43（1910）年に東京を襲った大洪水は、東部の低地帯を中心に甚大な被害をもたらした。

明治43年8月8日～10日にかけて秩父地域を中心に300～400㎜の豪雨が降り、いたるところの河川が増水し、荒川筋の数十ヵ所で堤防が決壊し、東京の下町は泥の海と化してし

東京大水害明治 43 年（荒川知水資料館）

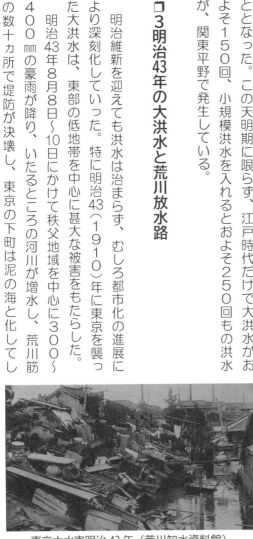

まった。水が引くのに2週間かかり、浸水家屋27万戸、被災者150万人、被災総額は当時の国民総所得のおよそ4・2％にあたる1億2千万円に達した。

この大洪水を契機に、東京の下町を水害から守る抜本策として荒川放水路が開削された。この工事は、北区岩淵に水門を造り、岩淵の下流から中川河口の東京湾まで、延長22㎞、幅500ｍの放水路を開削するという大規模なもので、20年の歳月をかけ、昭和5（1930）年に完成した。

❐4荒川放水路が守るのは東京都心側

荒川放水路を開削することにより、新しい放水路の河道は、葛飾区と江戸川区の付近で中川を分断することになるので、荒川と中川の洪水の時の水位差を調整するため、中川の水を放水路に沿って流すために導流堤（背割堤）が中川の合流点から河口まで造られた。いわゆる荒川の中堤である。この中堤が荒川の左岸ではあるのだが、

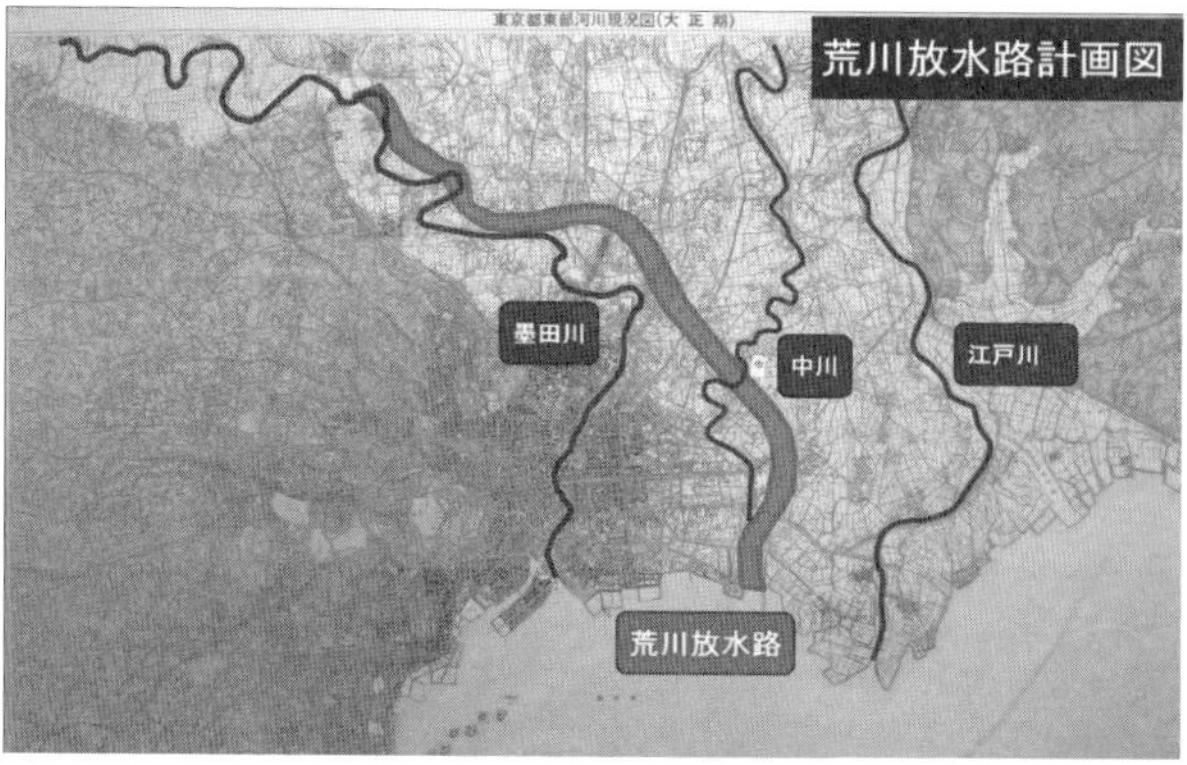

荒川放水路計画図（著者作図）

本当に人々の住む地域と接して治水上の守りを固めているのは中川の左岸堤なのである。

荒川放水路の洪水抑制の考え方は、岩淵水門の上流で一定の水位に達した場合に、まず岩淵水門を閉鎖し隅田川への流入を止め、全ての水量を放水路本川に流す。さらに上流からの水量が増え超過洪水が起こり、水位が堤防高さまで上昇すれば、左岸側に流出が始まるのである。これは荒川放水路がいわゆる「お囲い堤」だからであり、右岸の都心側を守るため、左岸堤は右岸堤に比べ幅は小さく、高さも低く造られているからである。放水路完成当時、左岸側はほとんど市街地化されておらず、守るべき治水の対象は東京の市街化された中心部だと考えられた。

現在左岸側は、都内だけでも約120万人が生活するほどの大都市となったが、「お囲い堤」であることに変わりはない。荒川の左岸堤は、今でもこの形式が継承されているのである。

❒5大正6年の大海嘯（大津波）

大正に入っても洪水は襲って来た。大正6（1917）年9月30日に静岡県沼津市に上陸した台風は、東京湾接近時に、折しも満潮の時刻と重なったこともあり、高潮が発生し、東京湾沿岸に大きな津波の被害をもたらした。今の江戸川区では300人近い人々が犠牲となった。

千葉県浦安町から市川市ではほぼ全域が水没し、塩田が完全に崩壊し、江戸時代より営まれてきた製塩業の歴史に終止符が打たれた。

□6カスリーン台風とキティ台風

昭和に入っても台風による大きな被害は続いた。利根川の決壊を招き、埼玉県や東京都に甚大な被害をもたらしたのがカスリーン台風である。カスリーン台風は昭和22（1947）年9月8日未明にマリアナ諸島東方において発生し、次第に勢力を増しながら、15日未明に紀伊半島沖の南で進路を北東に変え、遠州灘の沖を通過し、同日夜半に房総半島南端をかすめ、16日には三陸沖から北東に抜けて行った。

東武日光線上空より利根川栗橋方向を望む。国土交通省江戸川河川事務所

台風本体の勢力は本州に近づいた時には弱まっていたが、台風接近時の日本列島には秋雨前線が停滞しており、そこに台風による南からの湿った空気が流れ込み前線が活発化し、14～15日にかけて戦後史上に残る大雨を降らせたのである。

上記の写真の中段右端に2軒の木造平屋が見える。私はこの家で昭和25年に生まれた。まさに河川というか洪水の申し子だと自負している。この台風により利根川の水源一帯では、600㎜もの降雨があり、いたるところで河川は氾濫し、16日未明に埼玉県東村（現在の加須市付近）の利根川右岸が340ｍに渡って決壊した。濁流は南に向い、元荒川との間の埼玉県の市や町を飲み込み、18日の夕方、埼玉県と東京都の県境付近の「桜堤」で一旦食い止められた。

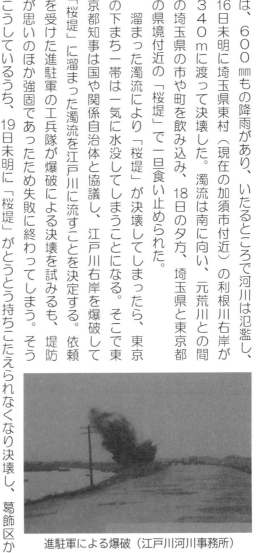

溜まった濁流により「桜堤」が決壊してしまったら、東京の下まち一帯は一気に水没してしまうことになる。そこで東京都知事は国や関係自治体と協議し、江戸川右岸を爆破して「桜堤」に溜まった濁流を江戸川に流すことを決定する。依頼を受けた進駐軍の工兵隊が爆破による決壊を試みるも、堤防が思いのほか強固であったため失敗に終わってしまう。そうこうしているうち、19日未明に「桜堤」がとうとう持ちこたえられなくなり決壊し、葛飾区から江戸川区まで水没し、濁流は江戸川区の新川のところでやっと止まった。

進駐軍による爆破（江戸川河川事務所）

この台風による死者行方不明者は全国で1930人を数え、被災者も40万人を超えた。戦後間もない関東地方を中心に甚大な被害をもたらしたのである。

そのカスリーン台風から2年後、今度は洪水が海から襲って来た。昭和24（1949）年8月27日に南鳥島近海で発生したキティ台風は、勢力を強めながら北上し、大型の台風となって

31日関東地方に上陸した。台風の通過が満潮時と重なったため、東京湾で高潮が発生し、江東区や墨田区、江戸川区など東京東部の低地帯を中心に大規模な浸水の被害を受けてしまった。

❒7新中川放水路の開削

昭和13（1938）年7月に東京の東部地域で起こった浸水戸数6万戸に及ぶ浸水被害を受けて、東部低地帯の治水向上を目的に中川放水路の開削が計画された。しかし、第二次世界大戦が激化し計画は一旦中止されてしまう。

カスリーン台風により東京東部が再度浸水したことを契機に、改めて中川放水路の開削が検討され、昭和24（1949）年開削が本格化した。

昭和38（1963）年に放水路は完成し、昭和40（1965）年、一級河川に指定され、現在の「新中川」となった。

❒8東京東部地域のさらなる悲劇ー地盤沈下ー

埼玉県東南部及び東京都東部から九十九里浜にかけて、その地下に日本最大のメタンガス包蔵層の、南関東ガス田が広がっている。

東京の東部地域では明治末期から地盤沈下が始まり、戦後高度経済成長期の工業の発展に伴い、工業用水としての地下水の汲み上げ、天然ガスの利用が増大し著しい地盤沈下を引き起こしてしまった。江戸川区の中葛西で２・３５ｍ、江東区の南砂ではなんと４・５７ｍも沈下してしまった。

昭和47（１９７２）年に水溶性天然ガスの採取を全面禁止し、昭和50（１９７５）年からは工業用水としての地下水の汲み上げも全面禁止したため地盤沈下は終息した。この地盤沈下により、東京東部地域は「ゼロメートル地帯」と呼ばれる海水面以下の標高となるハイリスクの地域となったのである。

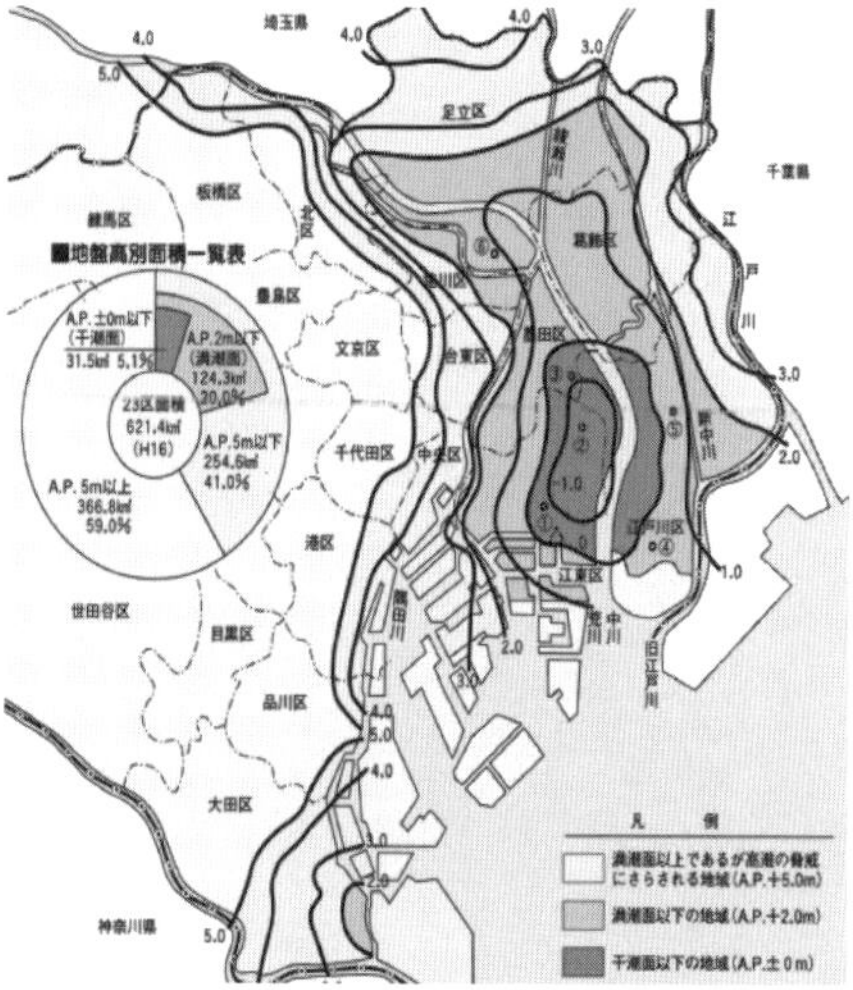

東京低地の地盤高（東京都）

❒9事故による洪水ー新川西水門事故ー

新川は江戸川区の南部に位置し、東に旧江戸川、西に中川を結ぶ一級河川である。新川の歴史は古く、江戸時代に行徳の塩を江戸に運ぶ舟運のために開削された運河である。

新川の舟運は昭和40年代まで続いた。新川の東西には水門があり、外側の水位が陸地よりも高い時には水門を閉め、低い時に水門を開き、航路を確保していた。

昭和46（1971）年9月5日午前4時頃、満潮時に自動操作により開くはずのない西側の水門が、誤動作により約25分間開いてしまった。わずか25分開いただけで、水が流れ込み、床上浸水120戸、床下浸水600戸の被害をもたらしたのである。

新川西水門事故（東京都）

地盤沈下でゼロメートル地帯となり、その周囲を堤防で守られている地域で、もし堤防が一部でも破堤したらどうなるのか。その被害は甚大なものになる。この事故はその例である。

❒10ゼロメートル地帯を守るポンプ施設

周囲を堤防で守られているゼロメートル地帯は、いわゆる洗面器と同じである。もし大雨が降り、その雨水を排除しなければ、途端に水が溜まり浸水してしまう。

ゼロメートル地帯では、ポンプ場や排水機場が、陸地に溜まる水を吐き出すことにより、内水氾濫を抑止しているのである。

しかし、これらポンプ施設も時間50㎜の豪雨を排水する能力は有しているが、堤防を超える洪水や破堤による洪水、いわゆる外水氾濫に対応する機能や能力は有していない。外水氾濫により水没してしまうポンプ施設も多く、一旦外水により水没してしまうと排水するには、相当な時間を要することは言うまでもない。

❐11もう洪水は起らないのか?

昭和22（１９４７）年のカスリーン台風以来、関東地方を襲った大きな洪水はない。このことから「洪水なんてこない。充分に治水事業を行ったのでもう大丈夫だ。」と言う人がいる。本当にもう洪水は起きないのだろうか。

カスリーン台風以来大きな洪水が発生していないのは、

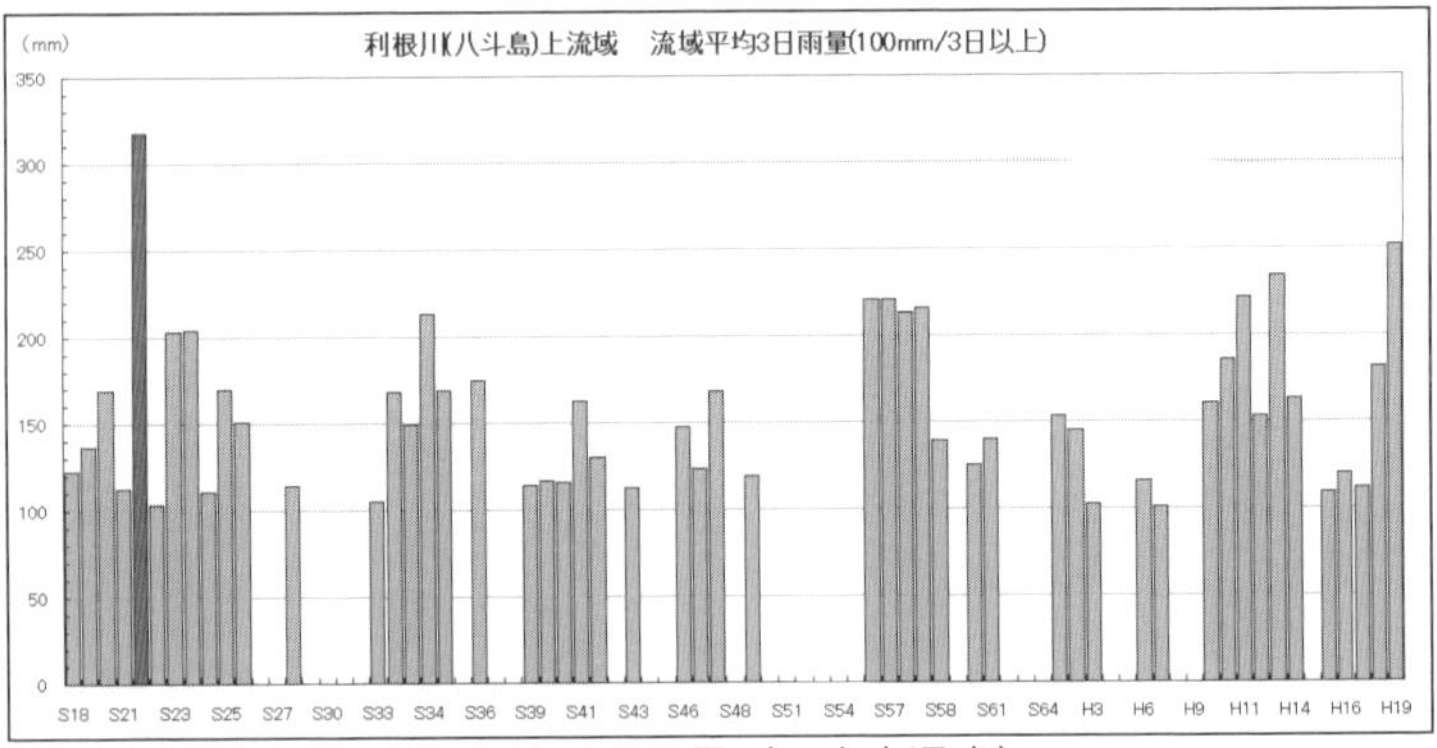

流域平均３日雨量（国土交通省）

この60年間カスリーン台風を超える台風が関東地方を襲っていないことに過ぎないのである。これまで現実にカスリーン台風クラスの台風はいくつも発生しているが、たまたま関東地方を通過していないだけなのである。

関東平野を流れる河川の治水対策は、カスリーン台風時の雨量に基づき計画されている。もし当時と同じ流域にカスリーン台風を超える降雨があれば、堤防からの越水や決壊による洪水が発生する危険性があると断言できる。現実に平成16（２００４）年に兵庫県の円山川では、過去最大の降雨により定めた計画高水位をわずか13㎝超えただけで、堤防が決壊し大洪水の被害を受けてしまった。

示した台風経路図は１９５０年からこれまでの台風の経路を重ねて表わした図である。これを見れば一目瞭然であるが、台風とは北緯５度から45度までと東経１００度から１８０度までの間でしか発生せず、通過しない極めて限定的はエリアでの気象現象だといえる。逆にいえばここに位置する日本という国は必ず台風が襲来すると

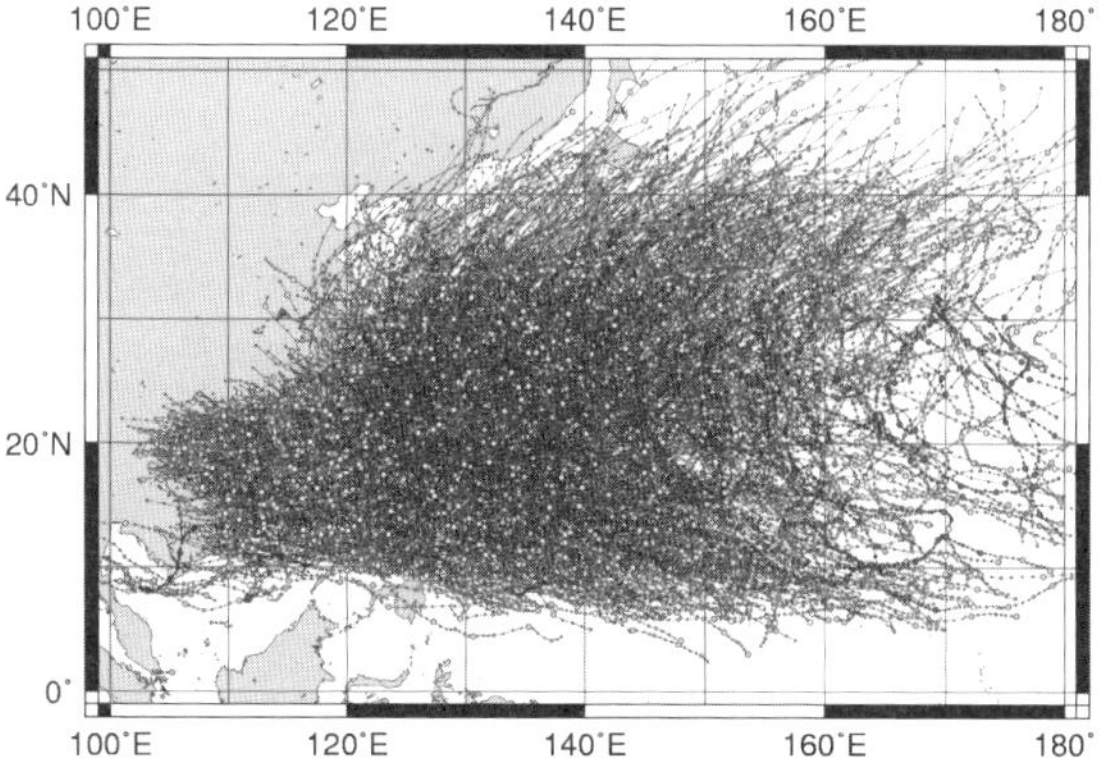

台風経路図（国立情報学研究所）

言えるのである。それ故にそれに備えることは当然であると言わざるを得ない。

❐12壊れない強い堤防と高台まちづくり

陸地よりも水位の高い河川を「天井川」という。東京東部地域を流れる荒川や中川、江戸川も天井川である。その天井川の堤防は、地盤沈下の度に嵩上げが繰り返されてきた。嵩上げは、時に土盛りであったりコンクリートによる補強であったり、その時期や場所に適応した工法が用いられてきた。しかし、当初から必要な高さや幅が計画され確保された訳ではなく。あくまで地盤沈下という不測の事態に対応したに過ぎないのである。繰り返し盛土された土堤や打ち増しされたコンクリートの堤防は、洪水に対して脆弱極まりないのである。

荒川を例にとると、そこには都内だけでも約250万人の生命と財産が集積されている。その左岸堤は地盤沈下によって下がった高さをわずか厚さ30㎝の嵩上げされたコンクリートが頼りなげに守っているだけである。わずか厚さ30㎝のコンクリートでどうやって約250万人の生命財産を守るのか。大きな地震によりこの堤防が壊れれば直ちに無尽蔵の海の水が侵入してくる「地震洪水」の発生である。

堤防により生命財産を守られている地域には、決して壊れることのない堤防が必要である。この適応策の一つとして、高台まちづくり事業がある。これはスーパー堤防という堤防天端の高さからまち側に緩やかな勾配で造られる堤防事業と一体になり、まち全体を高台に改造する計画である。この高台の上には災害時に自立できる都市機能を全て備えた命山が築かれる。

　この高台は堤防のように連続して完成しなくとも、部分的な整備であっても、そこは低平地の洪水の際には逃げることの出来る格好の避難高台となるのである。この命山づくりこそが、ゼロメートル地帯に住む人々と経済活動そのものを守ることになるのである。

　高台まちづくりの整備を進めるにはそこに住む人々の移転など様々な課題があるが、ゼロメートル地帯に住む人々の安全で安心な生活を確保するため、ひとつひとつの高台づくりを目指してこれからの東京の強靭化と首都の継続性を確固たるものとするために、継続的に取り組んでいかなければならない。人と人の結びつきを大切にし、困難を克服して安全なまちを造ること、「ここにいれば大丈夫！」というまちづくり、それは「人と人を結ぶ心の事業」なのである。

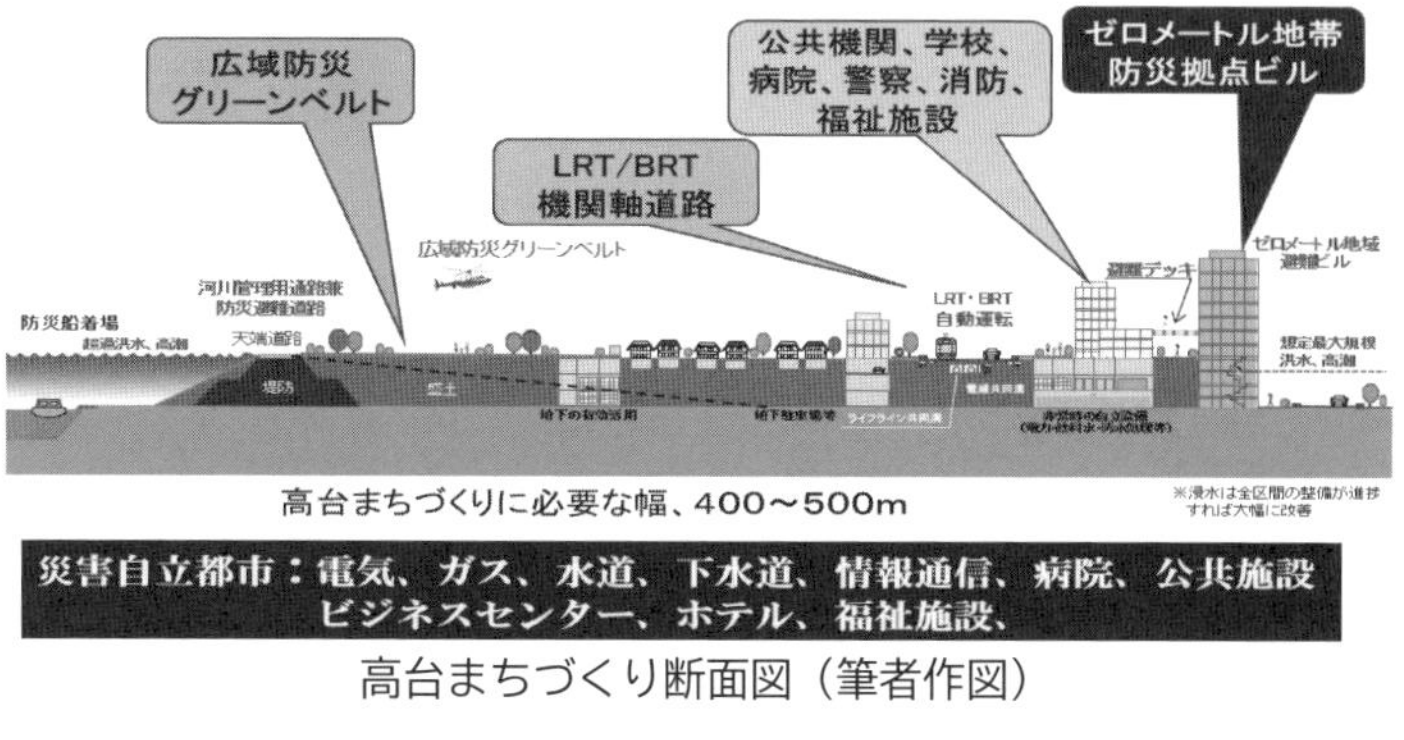

高台まちづくり断面図（筆者作図）

③ 荒川堤の桜～植物学と国際交流への貢献

1886年（明治19）頃に荒川の堤防に植えられた桜。1924年（大正13）国指定名勝「名勝荒川堤（櫻）」の文化財となるほどの名所となった桜でしたが、1945年（昭和20）頃にはほぼ消滅してしまいました（1959年名勝指定解除）。荒川堤の桜が、桜（サトザクラ）研究の原点だったこと、そしてワシントンの桜のルーツであり日米桜交流の原点であることを紹介します。

鈴木　誠

（すずき　まこと）

❐略歴

東京農業大学グリーンアカデミー校長

東京農業大学国際日本庭園研究センター長

東京農業大学名誉教授博士（農学）

元あらかわ学会理事長・元日本庭園学会長

専門は、造園学（造園デザイン史・庭園論）

日本国内・海外の日本庭園研究など

自治体等の文化財保護審議会、緑の審議会，景観審議会、都市計画審議会などの委員・会長を務める

❐著書

『日本の庭・世界の庭』（農文協）

『Japanese Gardens Outside of Japan/海外の日本庭園』（日本造園学会）監修書に『日米さくら交流のふるさと・荒川堤の桜』他

❐はじめに

明治時代に植えられた荒川堤の桜は、花見桜として当時すこぶる有名で、多くの人々に親しまれ楽しまれました。既に、消えてしまった当時の桜堤ですが、その果たした役割は今なお継承されています。

その一つが、この桜が植物学的に大きな貢献をしたこと、そして二つめが国際交流に生かされていることです。

❐植物学に貢献した荒川堤の桜（図1）

「五色桜」とも呼ばれた荒川堤の桜の並木は、数多くの品種のサトザクラによって形作られていました。人の手により育種され、異なる色・形に咲くサトザクラの桜花は、人が育ててきたこともあり、人の手が途絶えると消滅してしまうといった、か弱さも持ち合わせています。

「五色桜」誕生以前の江戸時代には、数多くのサトザクラが江戸の大名庭園などに植えられ、大事に育てられていました。その代表的庭園が白河楽翁こと松平定信の「浴恩園」です。ちょうど、現在の築地市場跡地がその庭の場所でした。明治時代になり数多くの大名庭園は、残念ながら消滅の運命をたどります。そこに植えられていた桜にも同様な運命が待っていました。

それを惜しんだ東京の植木の里の一つ、駒込の植木屋高木孫右衛門さんが、自身の植木畑にあちこちからサトザクラを助ける気持ちで収集し育成しました。この植木畑の桜が、１８８６年（明治19）頃に荒川堤に提供された桜コレクション78品種３２２５本のルーツだったのです。こうして、江戸時代から継承されたサトザクラの一大コレクションともいえる荒川堤の桜は、船津静作さんたち地元の桜守により大事に育てられました。

植樹から四半世紀を経た１９０３年（明治36）に、初めて荒川堤を訪ねた三好学東京帝国大学教授は、育てられていたサトザクラに驚くと同時に、この桜を研究対象として活用することに着手しました。後に、「桜博士」と呼ばれる三好学教授の桜研究は、荒川堤の桜が原点だったのです。そして、１９２４年（大

The five-colours cherry trees at Arakawa.
荒川堤五色の櫻
〔花の東京〕

図１　荒川堤の桜　明治時代の着色絵葉書（鈴木誠蔵）

正13）荒川堤の桜が国の名勝に指定される際にも、三好教授の研究成果が役立ったのみならず、その研究成果は日本全国の桜の保護にも展開していきました。

❐国際交流に貢献した荒川堤の桜（図2、図3）

世界でも最も有名な桜名所の一つ「ワシントンの桜」。実はこの桜のルーツが荒川堤の桜なのです。

今から100年以上も前の1912年（明治45）、荒川堤の桜が東京からアメリカに贈られ、ワシントンD・C・ポトマック河畔に植えられました。その桜が現地の人々に大切に育てられ増やされて、現在全米で最も有名な桜の名所「ワシントンの桜」となったのです。東京からアメリカに贈られた桜の話は、数多くのエピソードがあり詳しくは『日米さくら交流のふるさと荒川堤の桜』（東京農大出版会、2012／改訂版2024）をご覧ください。

さて、「ワシントンの桜」が栄える一方、残念ながら「荒川堤の桜」は、1945年（昭和20）頃には消滅してしまいました。それで終わり？　そうではありません、ワシントンの桜は太平洋戦争の最中にも、戦争の後も花を咲かせ続けてくれました。平和な時代を迎え、ワシントンに贈った桜の子孫を日本へ里帰りさせよう、という日米桜交流の話が持ちあがりました。それが、1912年（明治45）に海を渡った桜の里帰り、「里帰り桜」の物語です。

図2　ワシントンの桜　(2011.3)

　ワシントンの桜から枝穂をいただき、その枝穂を台木に接ぎ木して育てられた「里帰り桜」の苗木が植えられ、荒川堤の桜の地元である足立区のあちこちに大きく育っています。その多くが、足立区制50周年記念の１９８２年（昭和57）にワシントンから里帰りした桜でした。ちょうど海を渡ってから70年の歳月がたっていたので、人間に例えるなら古稀（70歳）に相当する年に故郷に帰ってきたのです。実は、これ以前の１９５２年（昭和27）に最初の里帰り桜がワシントンからもたらされましたが、育苗がうまくいかなかったり、植樹した後の生育が不良であったりして、その後衰退してしまいました。

　１９８２年（昭和57）の時には、33品種３０４９本の桜の穂木が、ワシントンから里帰りし、この穂木から５１００本の接ぎ木苗

図３　里帰り桜と解説板・千寿桜堤中学校（旧柳原小学校）2023.3

が育成されて、里帰り桜の苗木となりました。これらの苗木は、１９８２年（昭和57）度に足立区内の全小中学校１１０校に３～５本植樹され、「里帰り桜」の説明板が一緒に設置されました。また、足立区の公園や児童遊園等38ケ所にも３か年事業で植栽されました。２０２３年（令和５）現在、この区内小中学校の里帰り桜がどこで、どれくらい大きく育っていて、これまでの40年程どのように愛されてきたのかを記録し、その記録をワシントンの人々に知ってもらおうという「里帰り桜の今」というプロジェクトが、あらかわ学会の調査チームにより進行中です。

④ 荒川上流部改修100年の歴史

平成30年は、大正7年に着手した荒川上流部改修から100年目となる節目の年でした。
当時の事務所長として、荒川の河川改修の歴史をひもときつつ、同年より新規着手した荒川第二・第三調節池などの今後の取り組みについて紹介いたします。

古市　秀徳

（ふるいち　ひでのり）

❐略歴

青森県・県土整備部理事
（元　国土交通省関東地方整備局
荒川上流河川事務所長）
平成 10 年建設省入省
平成 27 年関東地整局河川部広域水管理官、八ッ場ダム事業費改定、鬼怒川水害対応、利根川渇水対応など
平成 29 年 荒川上流河川事務所長
平成 31 年 内閣府防災調査・企画担当企画官、5 段階大雨警戒レベル新設、江東 5 区広域避難など
令和 3 年水管理・国土保全局河川計画課国際室長
第 4 回アジア・太平洋水サミット熊本、国連水会議（NY）など
令和 5 年 4 月より現職

□さらなる100年への一歩を踏み出す

本稿は、筆者が荒川上流河川事務所長であった平成30年（2018年）に、「建設グラフ」第325号に寄稿した内容を、同事務所の了解を得て再掲したものです。

そのため、掲載内容は平成30年当時のものであり、現在の状況とは異なる場合があることをあらかじめご了承ください。

なお、文中「荒川第二・第三調節池の整備」につきましては、令和5年8月現在、令和12年度（2030年度）の完成を目指して整備が進められております。

首都圏を縦断する母なる川「荒川」は、その名前のとおり過去に幾度となく荒れ、地域に洪水による被害を与えてきました。一方、荒川の水は広く農業用水や発電用水、水道用水として利用され、地域の人々に多くの恩恵を与えるとともに地域の発展を支えてきました。

この荒川は、江戸時代初期の付替工事（利根川の東遷、荒

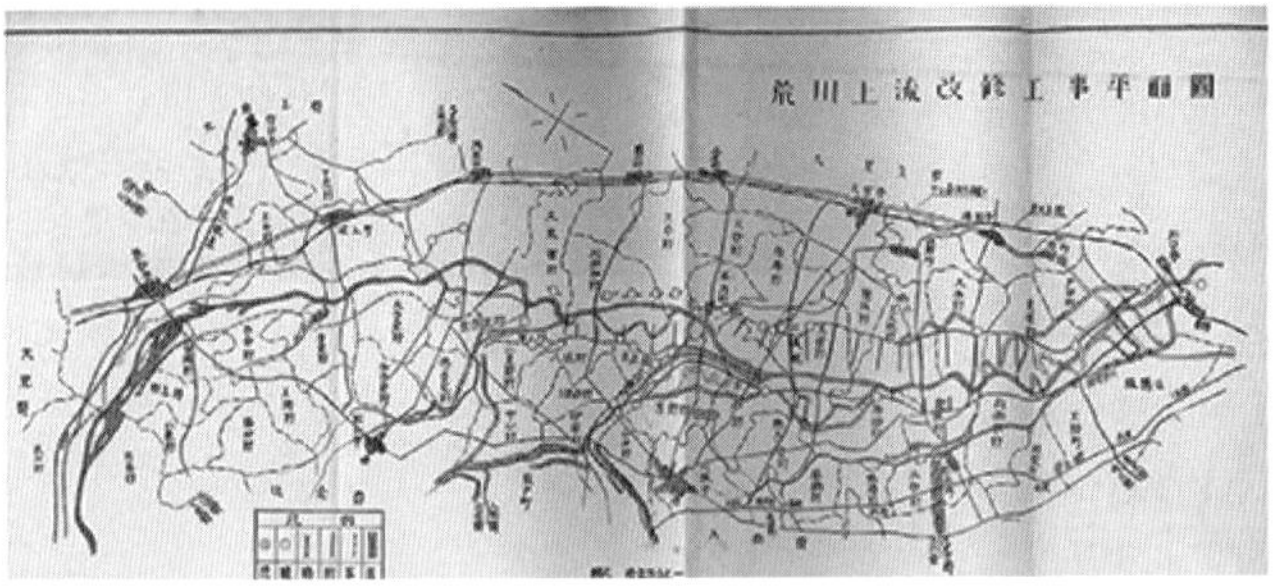

荒川上流改修工事平面図

川の西遷）と明治から昭和初期の荒川放水路の建設という2つの大きな付替事業により、今日の形がほぼ作られました。

流域は埼玉県と東京都にまたがり、流域内人口は約９７０万人、武蔵水路経由で利根川上流ダム群から流入する水も含めると、荒川の水利用人口は流域外を含め約１５００万人と大規模で、治水上も利水上も重要な河川です。

下流の荒川放水路区間では、平均川幅が０・５㎞程度ですが、上流の日本一川幅の広い箇所は２５００ｍに及び、他の河川には見られない25本の横堤群、河川敷に残る豊かな自然など多くの特徴を持っています。

さらに本年は、上流部の近代的な改修が大正７年（１９１８年）に着手されてから、この平成30年を以て１００周年を迎えます。そこで、河川改修の歴史をひもときながら、治水事業の現在やこれからの取り組みについてご紹介します。

❐明治43年の洪水

明治以降、荒川最大の出水とも言われる明治43年の大洪水は、埼玉県内の平野部全域に浸水し、東京下町に壊滅的な被害をもたらしました。この時の降水量は昭和22年のカスリーン台風より10％ほど多く、洪水規模も大きかったと推定されています。

被害状況は、埼玉県内の堤防決壊３１４カ所、死傷者４０１人、住宅の全半壊・破損・流出１８、１４７戸、非住宅１０、５４７戸、農産物の被害は２４００万円（現在の資産価値で１、０００億円）を超えたと言われています。

この未曾有の大水害に、明治政府は臨時治水調査会を設け、抜本的な治水計画を策定しました。計画では、荒川を上流部と下流部に分け、上流部では遊水機能を高めるとともに、低水路の屈曲を矯正して通水力を増大し、下流への流量調節に努めることが定められました。下流部では、明治44年に荒川放水路事業に着手し、昭和5年に竣工しました。上流部の改修は下流部の進捗をみながら、大正7年に着手されました。

❑荒川放水路建設

荒川放水路は、明治43年の大洪水を契機に、東京の下町を水害から守る抜本策として、明治44年に着手し昭和5年に完成しました。これにより、東京東部・埼玉南部の低地帯は洪水から防御され、一気に市街地化が進むこととなりました。

❐荒川上流部改修工事

大正7年から始まる荒川上流改修工事の施工区域は、赤羽鉄橋から大里郡武川村（深谷市川本地区）に至る62・3㎞と、入間川筋の比企郡伊草村（現川島町）地先の落合橋から荒川合流部に至る5・9㎞、新河岸川筋の北足立郡新倉村（現和光市）から岩淵水門に至る11・1㎞を対象に行われました。

工事は河道湾曲部の著しい箇所を先行するとともに、下流部より順次上流に進める手法で行われました。

この工事の特徴は、荒川中流部において蛇行していた河道を掘削工事により直線化を行い、主にその掘削で生じた土砂を利用して、連続した堤防の築堤工事が行われました。

また、荒川中流部の広い河川敷には、治水効果を高めながら農地を保護するために、通常の堤防に対して直角方向に築かれた横堤を27箇所（左岸14箇所、右岸13箇所）設けました（現存は25箇所）。

工事の状況は、掘削や築堤等の工事においては、人力による施工や蒸気を使用した機械動力による施工も行われました。現戸田市の三領排水路工事では、40ｔ掘削機、20ｔ蒸気機関車、3㎥積土運車が使用されました。

入間川との合流点改修では、荒川にほぼ直角に合流していた入間川に、新たに新川を開削して合流点を下流５㎞の地点に引下げて、荒川と入間川の間に背割堤を設けて分離を行いました。こうして、合流点の改修は昭和29年に完成しました。

❐荒川上流部改修工事完工

昭和16年に、三領排水路が完成し、昭和20年に終戦を迎え、昭和22年のカスリーン台風による被害を乗り越え、昭和28年に、改修工事に伴う荒川大橋（熊谷市）の継ぎ足し工事が完成しました。

そして、昭和29年の熊谷付近の工事終了をもって、荒川上流部改修計画は一応の完了を見ることとなりました。

❐入間川改修工事

荒川の支川である入間川・越辺川・小畔川の合流部も、度々洪水に見舞われていました。このため、地域の人々の改修を願う思いから「入間川水系改修工事期成同盟会」が発足し、昭和17年に国の直轄河川へと編入されました。

こうして、入間川・越辺川・小畔川の三川分流工事が着手されました。落合橋の上流で合流していた入間川、越辺川、小畔川の合流点を、下流側に付け替える工事で、昭和29年に完工しました。

これにより、入間川と越辺川の合流点が約2㎞下流に、越辺川と小畔川の合流点が約1㎞下流に移行し、三川は明確に分離して洪水がスムースに流れるようになったのです。

❒荒川総合開発計画

昭和22年のカスリーン台風で発生した大洪水により、荒川のみならず東日本全域に大きな被害が発生しました。カスリーン台風による累積雨量は、秩父観測所で600㎜以上、名栗観測所で500㎜以上を記録し、降雨量としては戦後最大を記録したのです。

こうした計画高水流量を上回る出水を踏まえ、昭和25年に「荒川総合開発計画」が策定され、昭和28年より開発計画の中心事業である二瀬ダムの建設が始まったのです。

この二瀬ダムは、昭和32年10月よりダムサイトの掘削を開始、昭和33年12月に本体コンクリート打設が開始され、そして昭和35年11月には第一次湛水開始、翌年昭和36年1月本体コンクリート打設が完了し、着工以来4年余りの歳月と総事業費53億円を要して昭和36年12月完成しました。

洪水調節とともに灌漑用水を供給し復興期の食糧増産を支えていくことになります。その規模は、高さ95m、天端幅288・5m、コンクリート打設量35万6千㎥の重力式アーチダムで、総貯水容量2690万㎥となります。

❐上流ダム群の建設

荒川に係る上流部のダム建設については、当時の水資源公団（独立行政法人 水資源機構）による浦山ダム（平成11年完成）、滝沢ダム（平成23年完成）と、埼玉県による合角ダム（平成15年完成）が建設されました。

❐荒川第一調節池

昭和39年の新河川法施行に伴い、昭和40年に明治44年荒川改修計画及び大正7年荒川上流部改修計画を踏襲した「荒川水系工事実施基本計画」が策定されました。

しかし、計画を上回る洪水に見舞われ、急速な都市化が進展する荒川流域において、被害が激増したことなどから、社会的な重要度を鑑み、昭和48年に計画高水流量の規模変更などの改定が行われました。

荒川第一調節池

これに基づき荒川第一調節池に着手することとなり、昭和49年に土木工事を開始、昭和55年度に荒川調節池総合開発事業として、都市用水の供給目的も含めて着手しました。

平成9年に荒川貯水池（彩湖）が完成し、さらに第一調節池全体としては平成16年に完成しました。

❒近年の改修工事

平成11年8月、荒川流域では断続的な豪雨に見舞われ、三峰観測所では総雨量４９７㎜を記録。熊谷水位観測所、治水橋水位観測所では観測開始以来、過去最高となる水位を観測し、入間川・越辺川・小畔川の合流部において浸水被害が発生しました。

この浸水被害を契機に浸水被害が頻発している入間川、越辺川などの沿川地域において、築堤をはじめ支川（大谷川など）との合流付近の改修を進め、平成11年の出水と同規模の洪水を安全に流下させるため「入間川・越辺川等緊急対策事業」に着手し、平成15年より入間川築堤、平成19年より越辺川上流部築堤の工事に着手しました。

また、支川である大谷川合流部（平成17年度完成）、葛川合流部（平成21年度完成）、九十九川合流部（平成23年度完成）を改修し、合流部で洪水が逆流し浸水被害の発生を防止する水門等を整備しました。

❏さいたま築堤・荒川中流部改修

平成17年より、さいたま築堤事業では、さいたま市、川越市、上尾市などの区間において、高さと幅を拡大する堤防拡幅工事を実施することにより、治水安全度の向上を図っています。

また、その上流部の区間においても、中流部改修として堤防の幅、高さが不足している区間において、洪水を安全に流下させるために必要な堤防整備（堤防の幅、高さの確保）を実施しています。

❏荒川第二・第三調節池の整備

荒川流域は、東京都と埼玉県にまたがり、流域内には、日本の人口の約8％が集中しており、特に埼玉県南部及び東京都区間沿川は人口・資産が高密度に集積している地域となっています。これまで、荒川流域では前述したような様々な治水対策を進めてきたところですが、現状では平成28年に策定した「荒

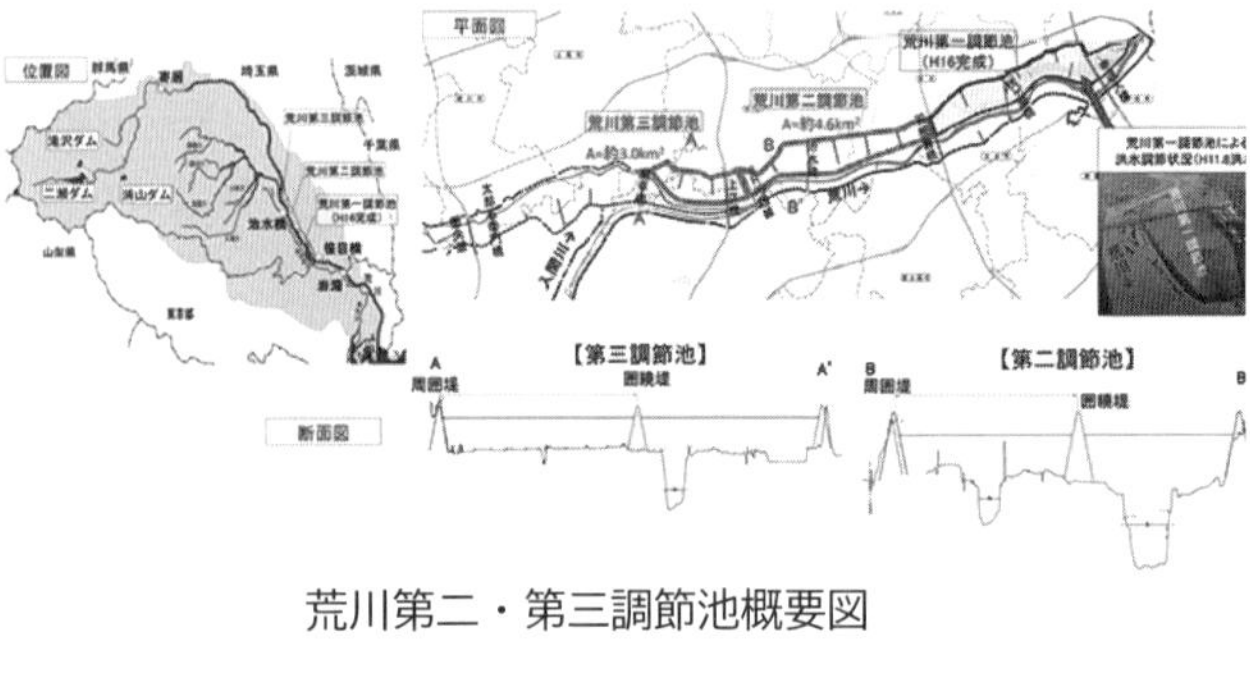

荒川第二・第三調節池概要図

川水系河川整備計画」で治水目標としている戦後最大規模の洪水を安全にさせることが未確保の状況となっています。

そのため、荒川の治水安全度向上のための抜本的な対策として、広い高水敷を活用した調節池の整備に平成30年度より着手し平成43年度を目途に整備を完了させる予定です。調節池面積約760ha(第二:約460ha、第三:約300ha)の調節池の整備により、洪水流の一部を調節池に流入させ下流へ流下するピーク流量を低減させるとともに、流量の低減により洪水時の水位上昇が抑えられ、堤防決壊等のリスクが低減されます。

❑今後の取り組み

平成30年は、大正7年に着手した荒川上流部改修から100年目となる節目の年でもあり、当事務所では、沿川関係自治体や都県、関係機関と連携し、「荒川上流部改修100周年実行委員会」を組織し、荒川の治水・利水・環境等の歴史や役割を広く発信するため、沿川の市民、自治体等を対象とした記念シンポジウム等の開催、荒川調節池群などの施設見学(インフラツーリズム)を行うなど、過去100年の荒川の歴史を振りかえり未来につなげるための取り組みを展開するとともに、さいたま築堤や荒川第2・3調整池を始めとする治水施設の整備を着実に進め、さらなる100年に向け歩んで参ります。

⑤ 中流からのメッセージ

江戸中期に百万都市になった世界に冠たる〈江戸の町づくり〉を支えた後背地、埼玉の存在を伝えたい。流域が一体になって流域を流れる水を見つめ、協力し合う社会になることを願っている。

藤原　悌子

（ふじわら　ともこ）

❐略歴

認定NPO法人 水のフォルム 理事長
埼玉県農林公社理事、埼玉県土地改良事業団体連合会理事
平成十三年、専門的になりすぎていた「水」を広く一般のものにするため、それまで編集者として学んだ十年余の水や河川の知識を元に、荒川流域の水に関するさまざまな分野を学び、情報発信するNPOを立ち上げた
機関誌『水の FORUM』『荒川流域を知るⅠ、Ⅱ』等を発行・配布
令和五年度より、「私のまちに流れる水」作文コンクールを実施
講談社学術局、文芸局勤務後、フリーライター・編集者として活動

❐荒川の中流部は〈都市維持装置〉

河川は普通、下流に行くほど川幅が広くなる。ところが荒川は中流部が広い。河口から六二キロメートル地点の左岸・鴻巣市と右岸・吉見町の間に架かる「御成橋」の堤防間の長さは二・五四キロメートル。荒川本流の末流の幅は五〇〇〜六〇〇メートル。中流部が下流部の四倍もあるなんて川はそうそうない。

荒川中流部の広い洪水敷（堤外で洪水時に水が浸かる所）は今なお民有地で、そこに民家も工場もあり、御成橋にはバス停もあり、その地に立つと静かでのどかな世界が広がり、そこが堤外とは気づかない。しかし荒川が洪水ともなれば、左頁下の写真のように、堤外は広大な遊水池になる。

その下流の「秋ヶ瀬取水堰」は、東京と埼玉に水道用水や隅田川浄化用水、工業用水を送り出す荒川最終の取水堰。ゲート操作で影響を受けるバックウォータは桶川市と川島町の間に架かる太郎右衛門橋（市野川の合流点より少し下流）辺りまで及び、荒川中流部は東京と埼玉の水道貯水池でもある。

荒川は東京・埼玉を支える〈都市維持装置〉にもなって貢献する、けなげな川だ。

どうして荒川がこんないびつな川になったのかというと、ひとえに荒川の最下流部に江戸幕府が開かれ、明治以降もそこが日本の首都として引き継がれたからだ。

■荒川の川幅変化図

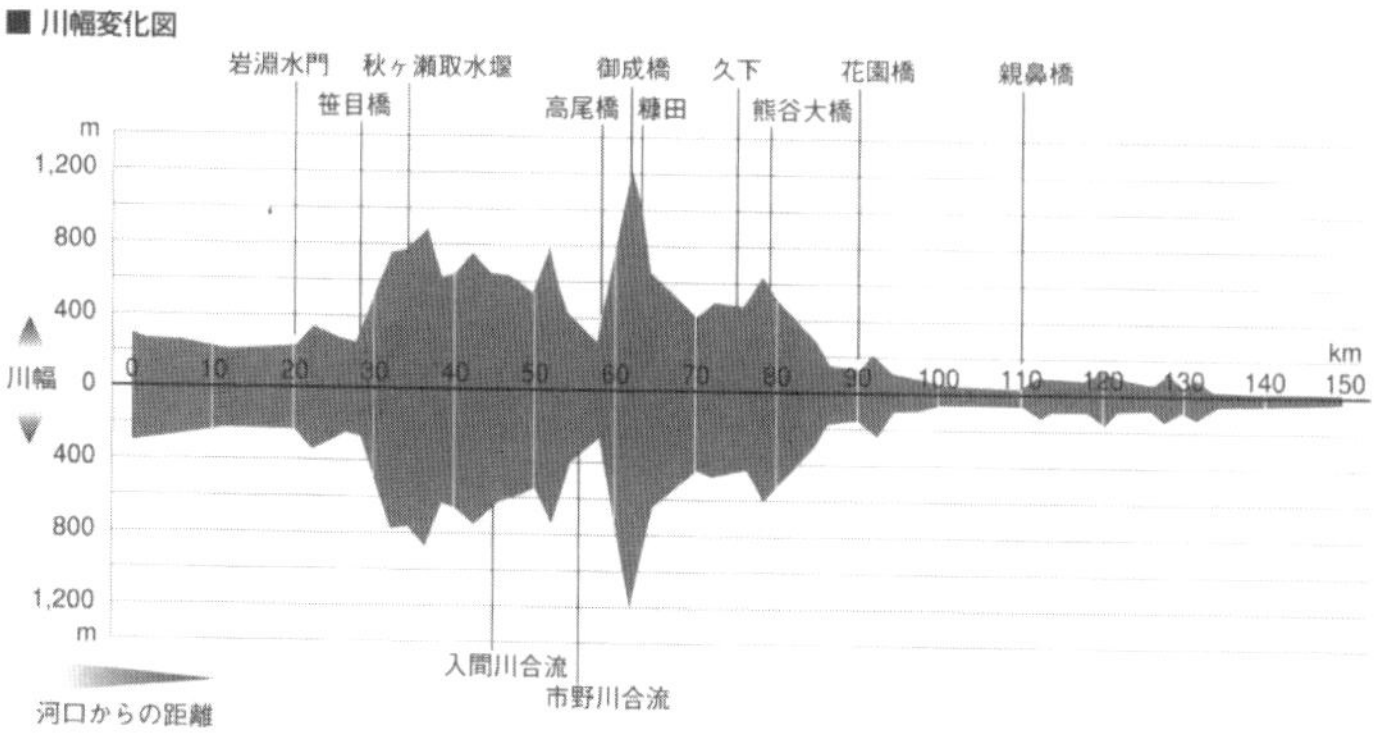

■御成橋地点の荒川堤外地

平成 11 年 8 月洪水時の
荒川「御成橋」地点

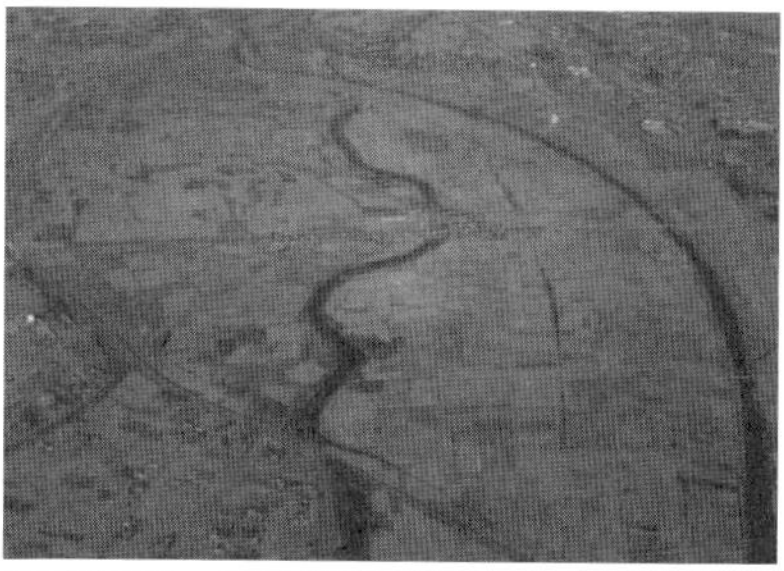

河口から 62 ㎞地点の荒川。右側に大きく弧を描くラインが荒川低水路。
その外側に堤防。中央を蛇行する筋は荒川旧流路。その右側が鴻巣市、左側が吉見町。中央を横断するラインが御成橋。
旧流路と御成橋が交差する辺りに集落。

写真提供：国土交通省荒川上流河川事務所

それは天正十八年（一五九〇）八朔の吉日に家康が江戸入りしたことに始まる。武蔵野台地の古くて固い下末吉面東端に江戸城を築き、そこから開析谷を利用して「の」の字に濠を巡らせ、隅田川につなぎ、江戸の町の拡大を図った。同時に江戸後背地の「武蔵東部低地総合開発」の基盤整備を進めた。

隅田川も江戸最初期の大規模海岸整備の一環で、利根川の末流・隅田川（現横十間川辺り）を入間川と合流していた利根川派川・宮戸川筋に付け替え、そこを隅田川にして（現隅田川）、整備したもの。

武蔵東部を縦貫していた利根川は、「利根川東遷」事業で利根川洪水を常陸川筋から銚子へ送りだす放水路（現利根川）を整備し、普段の水は「葛西用水路」を通じて江戸周囲の村々に送った。

荒川は、寛永六年（一六二九）の「荒川西遷」事業で本流（現元荒川）を久下で締め切り、熊谷扇状地の一流路だった和田吉野川に瀬替えして、市野川、入間川、隅田川とつなぎ、川越から新倉までの荒川右岸側の内川も舟運路（新河岸川）に整備して、正保四年（一六四七）開業の「川越舟運」

明治 13 年、14 年迅速測図に見る荒川・江戸川流域。

に備えた。

　しかしこの荒川西遷は、江戸港に届く上方から「下りもの」、新河岸川を通じて後背地から届く「下らないもの」の一大集積地・隅田川に洪水をもたらす。そこで元和六年（一六二〇）、現隅田堤の対岸に、全国の大名を集めてV字形に配置した「日本堤」を築造し、隅田川への洪水流入を制限した。

　一方、日本堤より上流側の左岸側は、隅田堤—熊谷堤—三領堤—土屋古堤から大宮台地西端につないで洪水防御。右岸側は日本堤から川越までは武蔵野台地東端が続く。そこから上流は「川島領大囲堤」「吉見大囲堤」を築いて堤内を守り、広い堤外は荒川洪水を調節する遊水地にした。江戸時代に荒川洪水が日本堤を超えて江戸を襲ったのは、天明六年（一七八六）の一回のみだったという。

　日本堤から熊谷まで続いた幅広荒川は、近代以降、都内では荒川低地に工場や大規模団地が進出し、笹目橋より下流は五〇〇〜六〇〇メートル幅に狭められた。上流の埼玉側は、大正七年（一九一八）に計画、同九年着工の「荒川上流改修」で、「荒川本川は中流部の遊水地に頼る」とされ、今に引き継がれた。

大正 13 年荒川放水路通水後の荒川下流部。当時は左の隅田川が荒川。昭和 9 年、放水路が正式な荒川になる。

□埼玉は江戸・東京のバッファーゾーン

荒川流路は甲武信岳直下の荒川起点から東京湾の河口まで一七三キロメートル。そのうち一〇〇キロメートル強は平野を流れる。全流路に対する平野部の割合は日本の主要河川の中で最も長い。流域面積は約二九四〇平方キロメートル。そのうち山地は一四七五平方キロメートル。平地（丘陵・台地・低地）は一四六五平方キロメートル。日本の大河川の平均は山地七に対して平地が三。荒川は山地と平地の割合がほぼ同じ。荒川の河川勾配は、山地部は三〇分の一。平地部の平均は一四〇〇分の一。低地の河川氾濫原は五〇〇〇分の一。荒川は谷口にあたる寄居で平野に出ると、広く平らな低地で氾濫を繰り返していた。その末流に江戸・東京がある。

武蔵東部低地総合開発では、中流部の埼玉県内各地に遊水地機能をもたせた。この手法は伊奈流（関東流）と呼ばれ、家康の近習の一人であった初代伊奈忠次、次男忠治ら伊奈家代々の手で進められた。

河川をロート状にする日本堤のような手法も伊奈流。荒川支流の市野川でも、利根川の「中条堤」や埼玉と東京の境の「桜堤」等でも見られる。荒川西遷後荒川支流になる入間川には、外秩父山地や丘陵地帯から都幾川や越辺川等いく筋もの河川が寄り集まって合流し合うが、それぞれ合流地点付近の堤は「霞堤」にして、洪水を堤内の田に流入させ本流を助けた。

このように江戸時代の治水は低地開発の一環で行われたもので、山からの沃土を農地に入れるための策でもあった。洪水を受け入れて耕作する「流作場」は市野川左岸の吉見領に多く見られた。

①利根川「中条提」

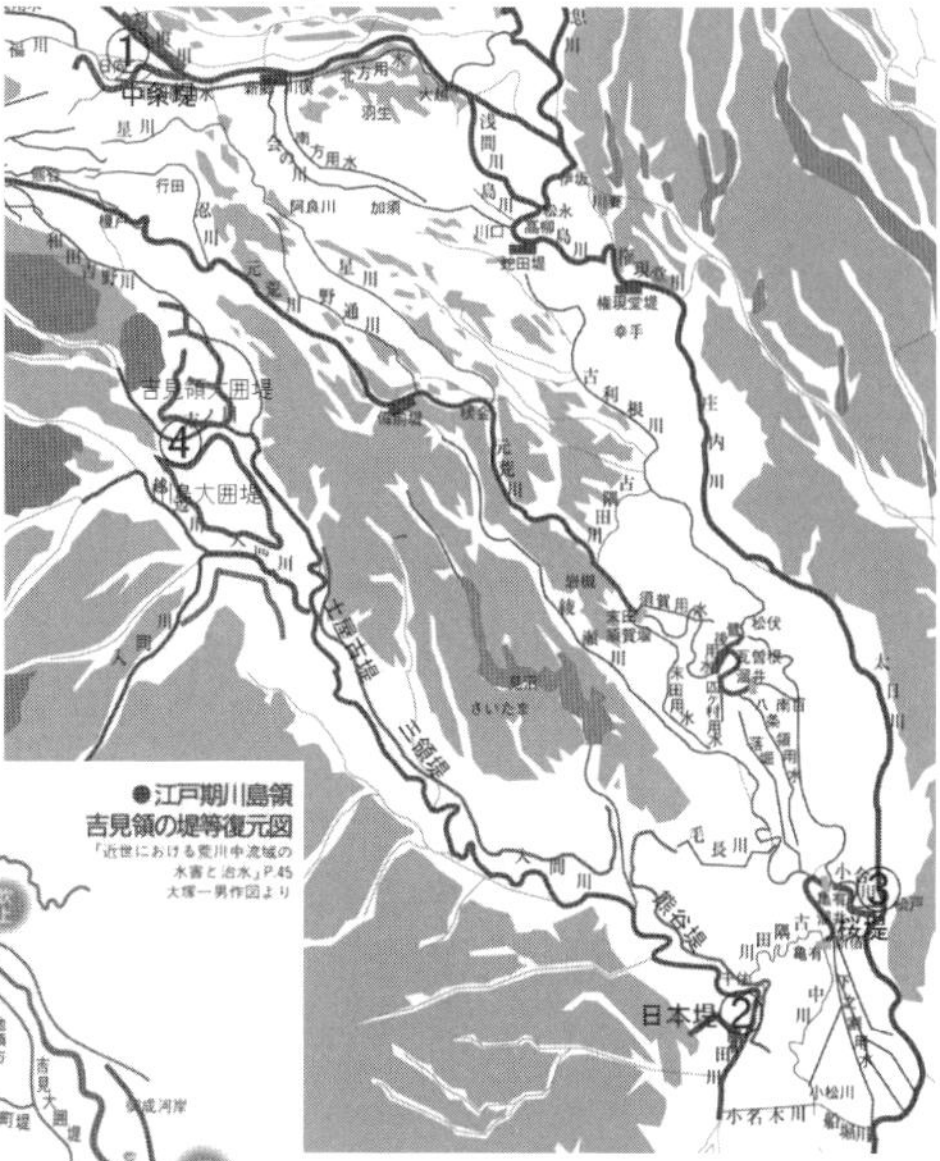

②日本堤（台東区土手通り）
③桜堤（水元公園）

埼玉各地の遊水地機能

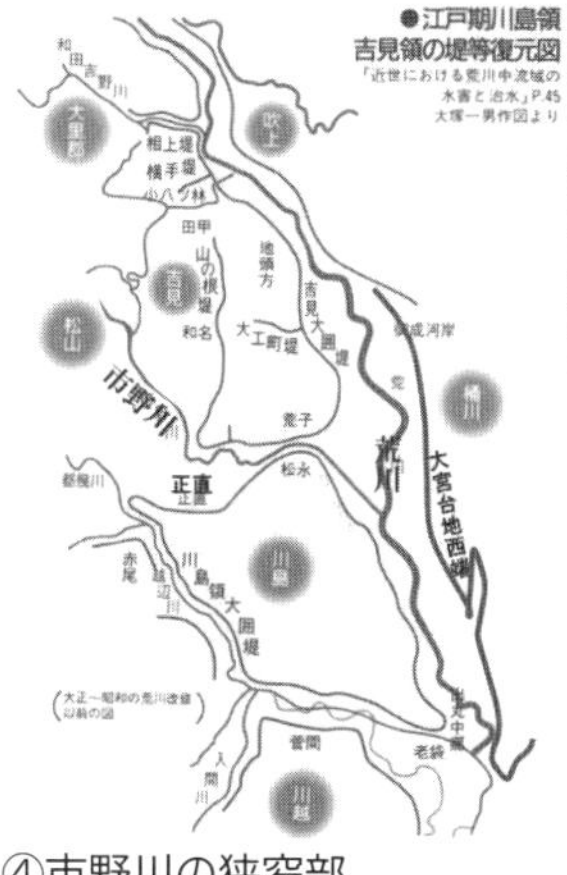

④市野川の狭窄部

❏近代土木技術と「関東流」と

明治になって、社会は工業化の道を歩むようになり、治水事業も科学・機械・電気等を駆使した近代土木技術に代わり、規模と能力を拡大し、成長する社会を支えた。荒川下流部では「荒川放水路」（現荒川）が開削され、新河岸川は荒川右岸に並行して一一キロメートル流路を開削延長し、隅田川につなぎ、放水路を荒川本流にし、都内中央を流下する隅田川を水門で切り離した。利根川も連続堤防の延長・強化で、東京に押し寄せる利根川洪水から首都を守った。

その中で荒川中流部では、荒川と入間川の合流地点を下げる四キロメートルに及ぶ「背割り提」、幅広堤外には二五ヵ所（計画では二七ヵ所）の「横提」など、地形を考慮した関東流を引き継ぐ工法も引き継がれた。

しかしそれでもカスリーン台風では、埼玉から都内に至る低地が、地形図が示す低地の色分けそのままに浸水した。カスリーン台風を機にダムによる洪水調節が導入され、奥利根や奥秩父のダム群の完成に伴い順次効果を発揮し、最後に託された「八ッ場ダム」も長い時間を要したが、令和元年に関東を襲撃した台風十九号にぎりぎり間に合い、利根川・荒川本流筋の越水や破堤は免れた。

代わって、本流筋に負荷をかけないようにするためか、中流部の遊水地機能を果たしてきた田が大きく減少したためか、はたまた最近の異常気象によるためか、さまざまな理由が考えられるが、結果、本流に排水できない支流のバックウォータによる浸水被害が埼玉各地で多発するようになった。

❐みんなで地域保全・流域保全

そのような状況の中で当NPOは、残された田を残し、荒川支流・芝川沿いの浸水被害を減らし、ひいては荒川本流に負荷をかけないようにしよう、また田に水を入れ美しい田を残せば、宅地等への転用を多少とも遅らせ、流域の遊水地機能の減少を抑制できるのではないかと思い、首都圏三〇キロメートル、さいたま市中央に位置し、江戸中期以来の通称「見沼田んぼ」の見山地区で、特定農地貸付法に基づく「市民田んぼ」を開設した。

以来二十年余、遊休農地や耕作放棄地の維持管理を続け、現在、田の面積は一・五町歩（ヘクタール）。田に接する斜面・平地林も里山に再生し、その管理面積は一・三ヘクタール。見沼田んぼ一二〇〇ヘクタールのごく一部だが、台風シーズンには毎年のように遊水地機能を発揮している。

特に、前述の令和元年の台風十九号では、ひと月にわたり滞水した。水深一〇センチ、二〇センチの水がいつまでも引かず、稲刈りでは大いに苦労したが、稲穂は何事もなかったかのように田を渡る風に揺れ、我々は生産者ではないので被害額も出ない。翌年には前年の苦労は忘れている。

流域の〝健やかな水ネットワーク保全〟に貢献しようとするこの市民活動は土地の循環型伝統農法を継いで無肥料・無農薬のため、人手もいるし、大型農機、特に稲作ならではのコンバインや籾摺り機等は周囲農家の所有もなく、毎年稲刈りの度に苦労するが、自然との触れ合いも楽しいし、何より地域、流域に多少とも貢献しているという誇りがある。

2023. 4. 23　用水浚い。毎年春、これをしないと利根川の水が来ない。

2023. 5. 13.　畦に糸を張り、畦を切り、水が入れば畦塗り。毎年この繰り返しで生き物が育つ。

2023.6.4 みんなで田植え

2023.7.23　用水路草刈り。
毎年夏、草を刈って流水確保。

2023.7.29　田植え後すぐから花が
咲くまで続く田の草取り。

2022.10.15　ハサカケが壮観。毎
年、台風を案じながら続けている。

ここへきて、当市民田んぼが「流域治水」のモデルとして評価されるようになった。市民活動が多々ある中で、地域、流域を視野に入れた活動は少ないかもしれない。しかし〈流域は一つ〉、ダム・堤防・放水路・洪水調節池・排水ポンプ等の整備、市町村を巻き込んだ「校庭貯留」、そして我々のような田の保全、流域が一体になって流域を流れる水を見つめ、協力し合う社会になることを願っている。

R5 年度市民田んぼ作業より
春 4 月の用水路浚いに始まり、耕耘、畦づくり、田植え、田の草取り、稲刈り、ハサカケ(天日干し)、脱穀、籾摺り。農閑期も里山(斜面・平地林)の下刈りをして「堆肥」をつくり、翌年のハサカケ用の竹伐りをして、また春を迎える。これを繰り返しているうちに 23 年経ってしまった。

⑥ 荒川のゴミ学習を通して

足立区立北鹿浜小学校で毎年実施されてきた「荒川のゴミ学習」は、地域を愛し、世界へ向けて視野を広げる子どもたちの成長を支えてきました。

新井　雅晶

（あらい　まさあき）

❐略歴

足立区立北鹿浜小学校前副校長
足立区立北鹿浜小学校の副校長
2020.4 ～ 2023.3
コロナ禍で休校になった際よりプロジェクト学習を実施するなど、ESD/SDGs の学びを積極的に取り入れた学校づくりを行ってきた
2019 年～ 2021 年に副校長を務めながら、星槎大学大学院で鬼頭秀一氏に師事し、SDGs の学びを学校経営に生かす方策についてまとめた

□はじめに

足立区立北鹿浜小学校は、コロナ禍で学校が休校になった令和2年度より、閉校するまでの3年間、SDGsを視点に置いた総合的な学習の時間を行ってきました。その第4学年のカリキュラムに「荒川」をキーワードにした、課題追究型のプロジェクト学習が組まれています。これは、地域素材を使った総合的な学習にこそ「荒川」を使うべきだという思いがあったからです。

課題追究型のプロジェクト学習と言っても、ただ調べ学習をすればよいというものではありません。そこには、実際に自然に触れる体験活動を組むこと、そして、そこにある課題に気付き、解決したいと思うことで、持続可能な社会に向けて自ら行動することが求められます。何かよい活動はないものかと思っていたところ、荒川の自然に詳しく、荒川の環境を守ろうと活動されている、NPO法人エコロジー夢企画の三井元子さんを始め、足立区・本木水辺の会の皆さんと出会うことができました。この出会いは北鹿浜小学校の教育を大きく変えるものとなりました。交渉し始めて3か月ほど経た11月に、北鹿浜小学校初のゴミ清掃活動が実現しました。

□鹿浜橋下でのゴミ清掃活動

学校から徒歩15分ほどの鹿浜橋は、子どもたちにとってはよく知られた場所ではありますが、めったに出入りすることがない場所でもあります。橋の上を通るバスからはきれいな水面が見える場所が、実際はどのようになっているのか、子どもたちは、いつもわくわくしながら参加しています。

枯草に隠れているゴミも見つけ出しました。
水辺ぎりぎりまで出てゴミを取り除きました。

ゴミを回収する子どもたち

最後はこんなにもゴミがあつまりました。

回収したゴミの山

今回は、ゴミ清掃活動を初めて行った学年の子どもたちが、あらかわ学会で実践を発表させていただいた、プレゼンの資料を基にその活動の様子を紹介します。

北鹿浜小学校の４年生は１学級のため、40人弱の子どもたちで清掃活動を行います。当日は保護者の方々も10名ほど集まってくださいました。ススキやカヤが茂っていた川原を、事前にスタッフの皆さんが通路を切り拓いておいてくださり、子供たちは手

その日のゴミの
集計結果

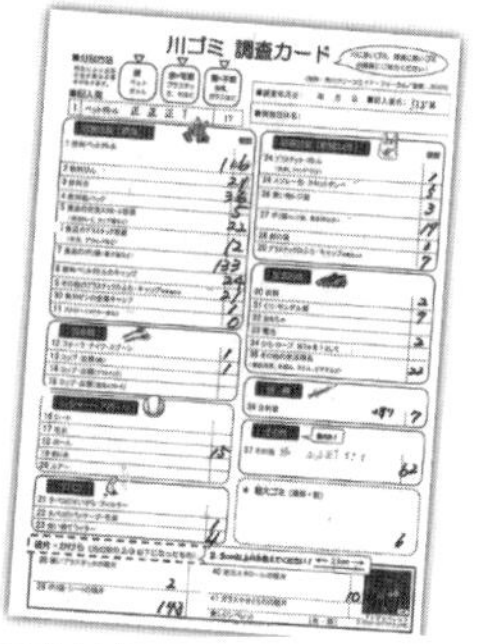

（図３）集計結果

にゴミ集めの袋を持って川辺近くまで進んでいきます。そこには、プラスチック容器の他、発泡スチロールの塊などが茂みの中にへばりついています。「こんなところにもゴミがある」と、子供たちは驚きの声を上げていました。

１時間ほどで、わずかな場所ではありますが、おおむねゴミを回収することができました。回収したゴミを一カ所に集め、各グループで回収したごみを種類ごとに分類し、リスト表に数を記録していきます。あるグループの結果を書き込んだものが図３となります。これを見ると、飲料ペットボトルは１１６個となっていますが、食品のポリ袋が１３３個と圧倒的に多くなっています。清掃活動を終えた子供たちの感想には、ペットボトルよりポリ袋の方が多かったことの驚きと、ライターなど危険なゴミもあることへの危機意識が書かれていました。

❏ゴミ清掃活動の先の学びへ

今回体験したゴミ清掃の活動は、子どもたちに新たな課題を突き付けることになります。それは「このゴミはどこから来るのか」という疑問と、「このゴミを減らすにはどうしたら良いのか」という課題です。子どもたちは、身近な荒川がこのように悲惨な状況になっていることを目のあたりにして、何とかしなければと思ったに違いありません。

子どもたちは、荒川のゴミは街から出るゴミが要因となっていることに気付いたため、街でのポイ捨てや置き捨て、風で飛ばないようにゴミ置き場の管理を徹底することなどを指摘しました。また、私たちの日常がプラスチックによる包装であふれていることも、子どもながら指摘し、私たち大人に対してライフスタイルの在り方についても疑問を投げかけています。

さらに、ゴミを減らすという点では、出てきたゴミは、燃やせば二酸化炭素の排出になるし、埋めるにしても最終処分場の問題にたどり着くため、ゴミを資源にする発想（3R）の必要性を説いています。これらの主張には、社会科で学んだことや、再利用に関する出前授業の体験が活かされています。ゴミ清掃活動の体験がさらに深い学びにつながっています。

❐荒川を通した学びは世界とつながる

北鹿浜小学校の子どもたちは、荒川の学習を通して多くのことを学んできました。特に、荒川のゴミ清掃活動はほんの一日の体験活動ではありますが、何年生になっても強く印象に残っているものであり、この活動を起点として、その後の学習にも大きな影響を与えるものとなっています。第5学年の学習では世界の環境問題をテーマにして学んでいますが、環境問題へ広がるきっかけは、荒川のプラスチックゴミであり、荒川で見つけた動植物の命は、海洋プラスチックに苦しむ海洋動物を始め、遠くボルネオ島でパームヤシの栽培のためにジャングルを追われるオランウータンの命につながっています。

また、ポイ捨ての問題など、地域の環境問題に関しては、住みよいまちづくりへ自分たちも参画する発想に広がっています。まさに、荒川を通した地元での体験が、世界で起こっている数々の課題の解決に向けた、子どもたちの取り組みの出発点になっていることは間違いありません。

最後になりましたが、このような貴重な体験を提供してくださったあらかわ学会の皆様を始め、NPO法人エコロジー夢企画の三井様、足立区・本木水辺の会の皆様にお礼を申し上げます。荒川のゴミ学習が子どもたちを大きく成長させてくれました。また、荒川放水路通水100周年という記念すべき冊子に、北鹿浜小学校の実践を取り上げてくださったことに感謝申し上げます。あらかわ学会の益々のご発展と、荒川がより身近な川（放水路）として私たちの生活と結びつき、心豊かな社会が築かれることを願っております。

⑦ 都民の水を運ぶ荒川

高度成長期に東京に人口が集中し、飲み水となる水源確保が喫緊の課題であった。特に東京オリンピックの開催（昭和39年）に間に合わせるため、利根川上流や荒川上流に水源を求め、その水を運ぶために荒川中流部の活用が行われた。しかし、60年近く過ぎて、都民の水の8割が荒川中流部を利用して確保されていることを忘れているのではないか？

伊納　浩

（いのう　ひろし）

❒略歴

ＮＰＯ法人あらかわ学会理事

40 年近く河川に関わる建設コンサルタント会社に籍を置き、全国の主要河川を見て来た

歴史的な河川構造物、特に閘門について、興味を持ち自分なりに研究を進めてきた

荒川では旧岩淵水門について興味を持っており、文化的価値を考えていきたいと考えている

❐東京都の水源の8割が『利根川水系・荒川水系』です

東京都の水道の水源は、今や8割が利根川及び荒川水系からの河川水です。昭和30（1955）年頃までは、都民が利用する水は、東京の奥多摩地域から流れる多摩川水系などの水に依存してきました。しかし、戦後の高度成長期に慢性的な水不足から、利根川の上流域となる群馬県の水上・吾妻地域や荒川の上流域となる埼玉県の秩父地域に複数のダム等を建設し、利根川や荒川の水を、川などで都内に運び水道水として利用しています。

図1を見ても分かるように、東京の人口増加等に伴う水需要は、利根川や荒川の上流域の水源地域に支えられてきました。

昭和30（1955）年代は、東京の奥多摩地域の多摩川水系に頼ってきたため、人口増加や生活様式の変化（水洗トイレ普及など）により年々増加する水需要に供給が追い付かず、常にひっ迫していました。

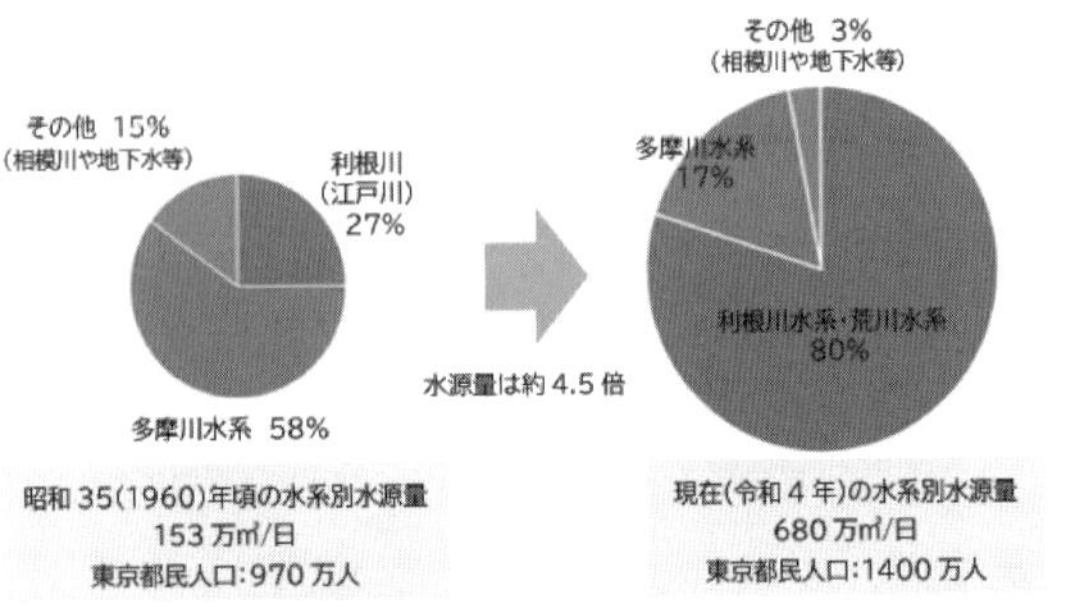

図-1　東京の水道水源

資料）・昭和35年度上水道事業について　水道研究　第41号　1960年9月　東京都水道局水道研究会
・東京都水道局事業概要　令和4年度　東京都水道局HP　　これらの資料を参考に作成

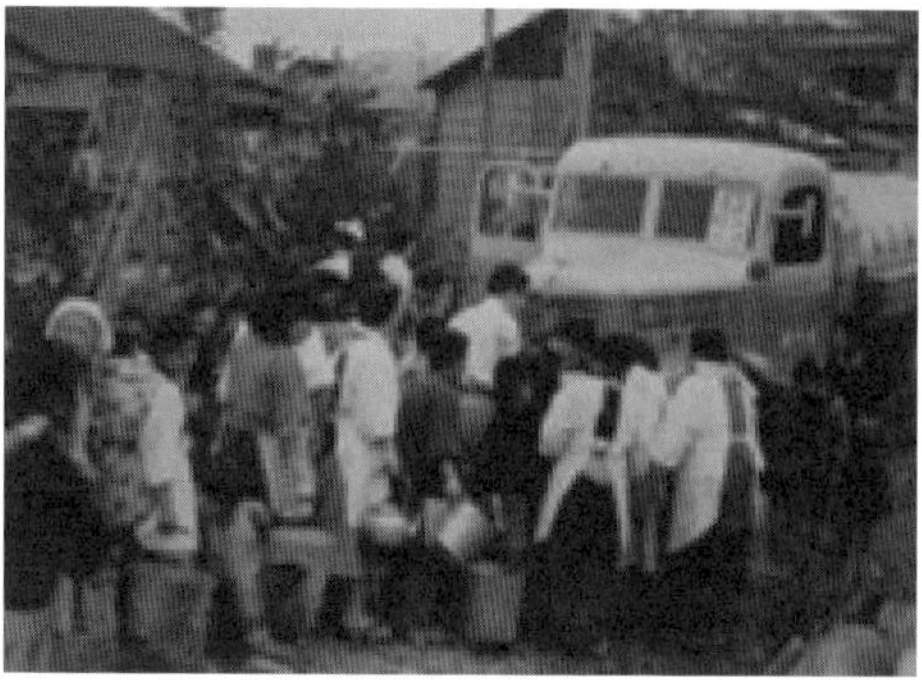

※1 昭和 39（1964）年の渇水時における給水風景 提供：東京都水道歴史館

特に、東京オリンピックが開催された昭和39（１９６４）年には『東京砂漠』と新聞に書かれるほどで、水洗トイレの使用禁止など東京都では制限給水がはじまり『食事をつくる朝と夕方以外は、蛇口をひねっても水が出ない』という厳しい状況であったと言われています。※1

このような中、新たな水源を確保するため、東京から遠く離れた群馬県や埼玉県の山間部に水を貯めるダムを建設するとともに、その水を都内まで運ぶため、利根川と荒川を結ぶ水路や堰が設けられ東京砂漠を解

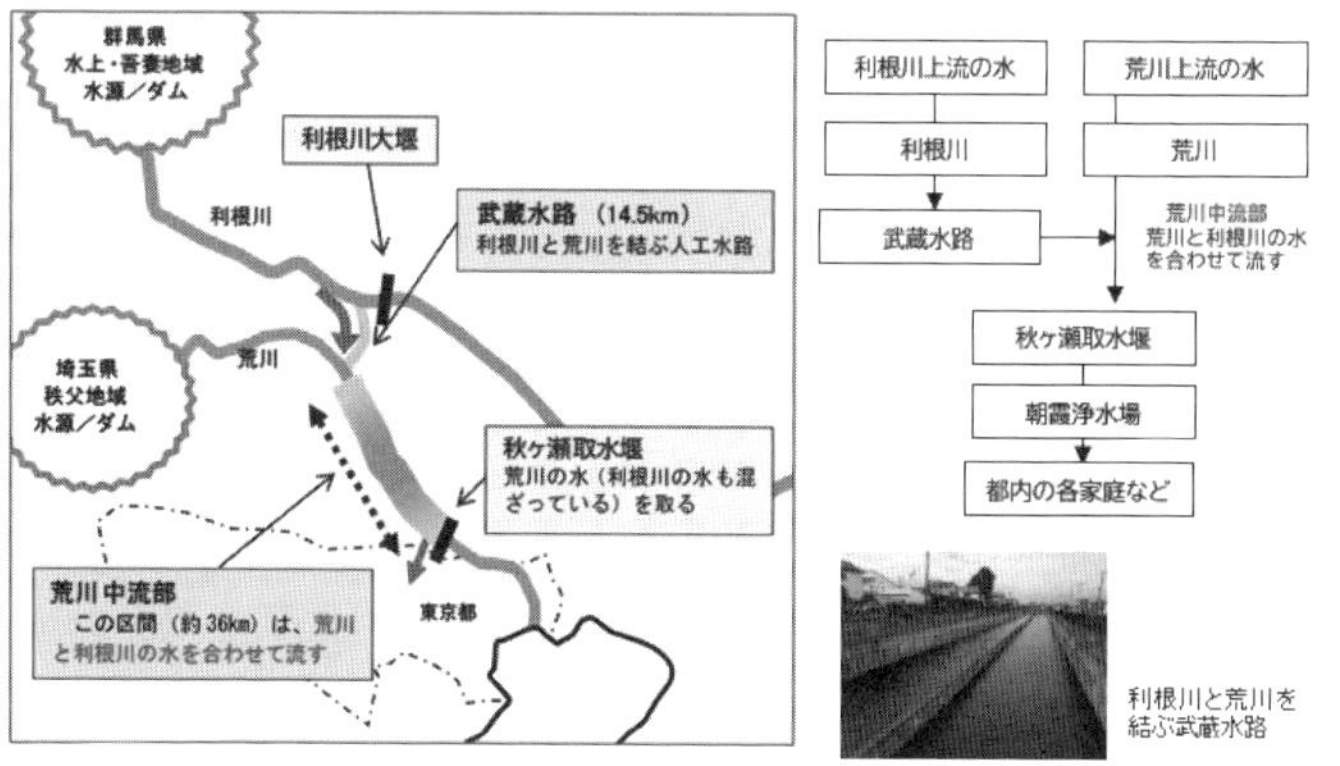

図-2 利根川水系・荒川水系からの水の流れ

消していきました。

なお、利根川水系や荒川水系から水を都内まで運ぶ工事は、東京オリンピックが始まる2か月程前にようやく完成し、『東京砂漠に雨が降る』と言われたそうです。

このように、荒川の中流部を活用できたことで、短期間の工事で利根川上流からも水が運ばれるようになり、国家的イベントである東京オリンピックが無事に開催できたと考えています。

日本水道新聞
荒川から救いの水
都と公団の合作実る

昭和39(1964)年8月27日
日本水道新聞より

❐忘れ去られる荒川

(1) 10人に聞きました。東京の水源はどこだと思いますか？

都内に住む若手10人※2に、『東京の水源はどこだと思いますか 次の選択肢から選んでくだ

さい』と聞いてみました。選択肢は、

①利根川の上流（群馬県の山間部／水上や吾妻など）、

②荒川の上流（埼玉県の山間部／秩父など）、

③多摩川の上流（東京都の山間部／奥多摩など）、

④鬼怒川の上流（栃木県の山間部／日光や鬼怒川温泉）、

⑤その他（自由回答）としました。

結果は、図3に示すように、利根川水系40%（栃木県が入りますが）、多摩川水系30%、その他30%（回答は、わからない・思いつかない）で、荒川水系を挙げた人は一人もいませんでした。

わずか10人の回答ですから偏りがあると思いますが、荒川の上流を都民の水源とは意識していない傾向があるのではないでしょうか。テレビを見ていても『首都圏の水がめである群馬県の矢木沢ダムでは貯水量が……』とのニュースが流れます。このような情報発信ばかりでは、つい荒川の上流部を忘れてしまいますよね。

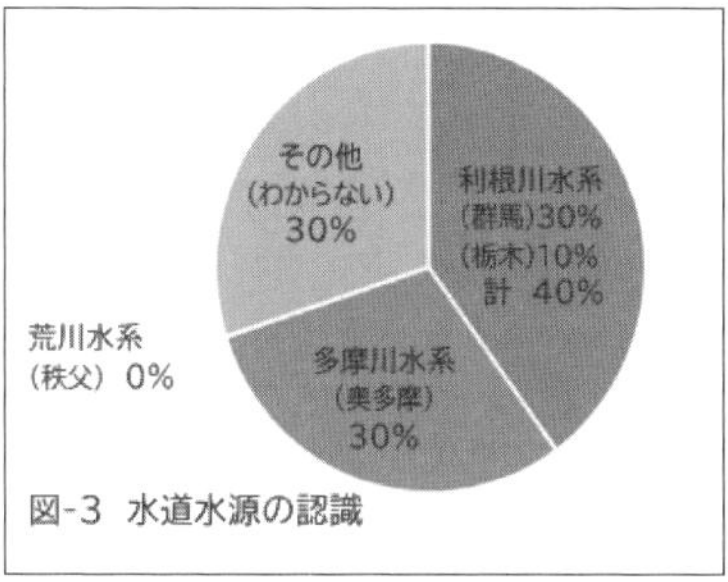

図-3 水道水源の認識

※2 WEB アンケート調査等の費用が確保できないことから身近にいる都内在住の若手（20 ～ 30 代）に聞きました。

貯水量が減少し、周囲の岩肌が露出した利根川水系上流の矢木沢ダム（群馬県みなかみ町）提供：水資源機構

⑵東京都水道局でも！荒川を忘れる？

図４は、令和４年度の東京都水道局が公表している「事業概要の水道水源と水系別給水区域概要図」です。この図には、水道水源として荒川上流のダム名はありますが、都内におけるそれぞれの河川が給水する区域を示す凡例では、荒川の文字がありません。※３

いつの間にかに、荒川は利根川と抱き合わせて表現されています。荒川の中流部があればこ

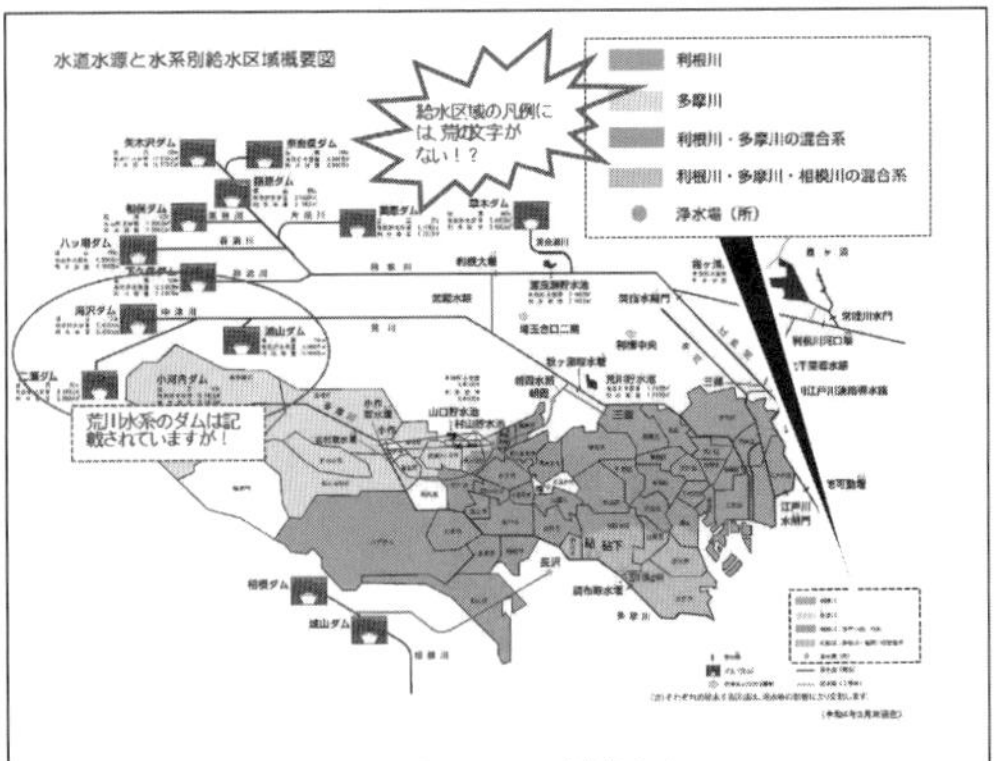

図-4　東京都水道局 HP にある事業概要の中の図

資料）東京都水道局 HP　令和４年度　事業概要　令和５年７月24日　内覧

※３　東京都水道局のお客さまセンターに問い合わせたところ、荒川水系における水源量は利根川水系に比べ少ないため、表記では利根川に含めているとの回答を得ました。

図-5　東京都水道局 HP　小学４年生向けの資料の中の図

そ、東京に水を運ぶことができるのに……でも供給する河川名として荒川がありません。

でも、「安心してください」一般向けの資料では荒川は忘れさられていますが、小学校４年生向けの『小学校社会科学習資料令和５（２０２３）年度版「わたしたちの水道」』図では、荒川のことが書かれています。

このように、東京にお住まいの方でも、昭和30年代の東京砂漠と言われた『東京大渇水』を救った荒川のことを忘れているようです。水源量は、利根川よりも少ないかもしれませんが、荒川の中流部がなければ、東京まで水を運ぶことができないのですから……。東京にとって大事な川であることには変わりないと思います。荒川のことを忘れないでね！

❒水を育む上流部（水源地域）　水を運ぶ中流部に感謝し応援しよう！

⑴森林環境税の活用を考えてみては！

東京都民の水道水の８割が利根川や荒川の上流にある水源地域で育まれている水です。山に降った雨が、森の中に浸透しダムに貯められ、下流の方々（都民など）が必要な時にダムから必要な量を川に流して、賢く水を利用しています。

しかし今、利根川や荒川の上流の水源地域の森林では、森を守る方々の人手不足などから、

荒川上流の森林荒廃 充分な森林管理がなされずに、
雨が降ると雨水が浸透しないで、表面の土が流れだす。
提供：土屋信行

森の管理が充分ではなく『森林荒廃』が進んでいます。そのため、森林がもつ水源涵養（雨水を貯えるなど）機能が減少し、雨が降ると土と一緒に雨も流れていってしまいます。

そこで、令和6（2024）年から本格導入される『森林環境税制度』の活用です。

この制度は、令和元（2019）年から始められたもので、国民の納税者から一人当たり年間1000円を森林環境税として納めていただき、その納めた税金を森林の管理に利用してもらう制度です。

都民の多くが利根川水系や荒川水系が育んだ水を利用している点を踏まえ、これらの水源地の森林管理に、この森林環境税制度で集められたお金をお渡しし、上流地域（水源地域）を応援できないかと考えています。

⑵上流部や中流部を見に行こう

東京都民の水は、利根川や荒川に頼っていることは、数字でお伝えし理解していただいたと思います。しかし、自分の目で『どんな場所で水が育まれ』『どんな環境（施設も含む）で運ばれてくるか』を見てこそ理解が深まるのではないでしょうか？

そこで、まず『水を育む上流地域（水源地域）』を見に行きましょう。上流ではダムという大規模土木施設を見てください。

最近は、インフラツーリズム（土木施設の観光）の一環として、ダムの内部見学なども可能になってきました。

ダムを見上げてダムの大きさを実感（浦山ダム）

ダムの内部を見学（滝沢ダム）

ダムを説明する展示施設もあります（浦山ダム）

上流のダムでは、ダムカードを配布しています。ダムを見に行くとともにダムカード収集も楽しいかと思います。

荒川水系では、滝沢ダム、浦山ダム、二瀬ダムなどがあります。

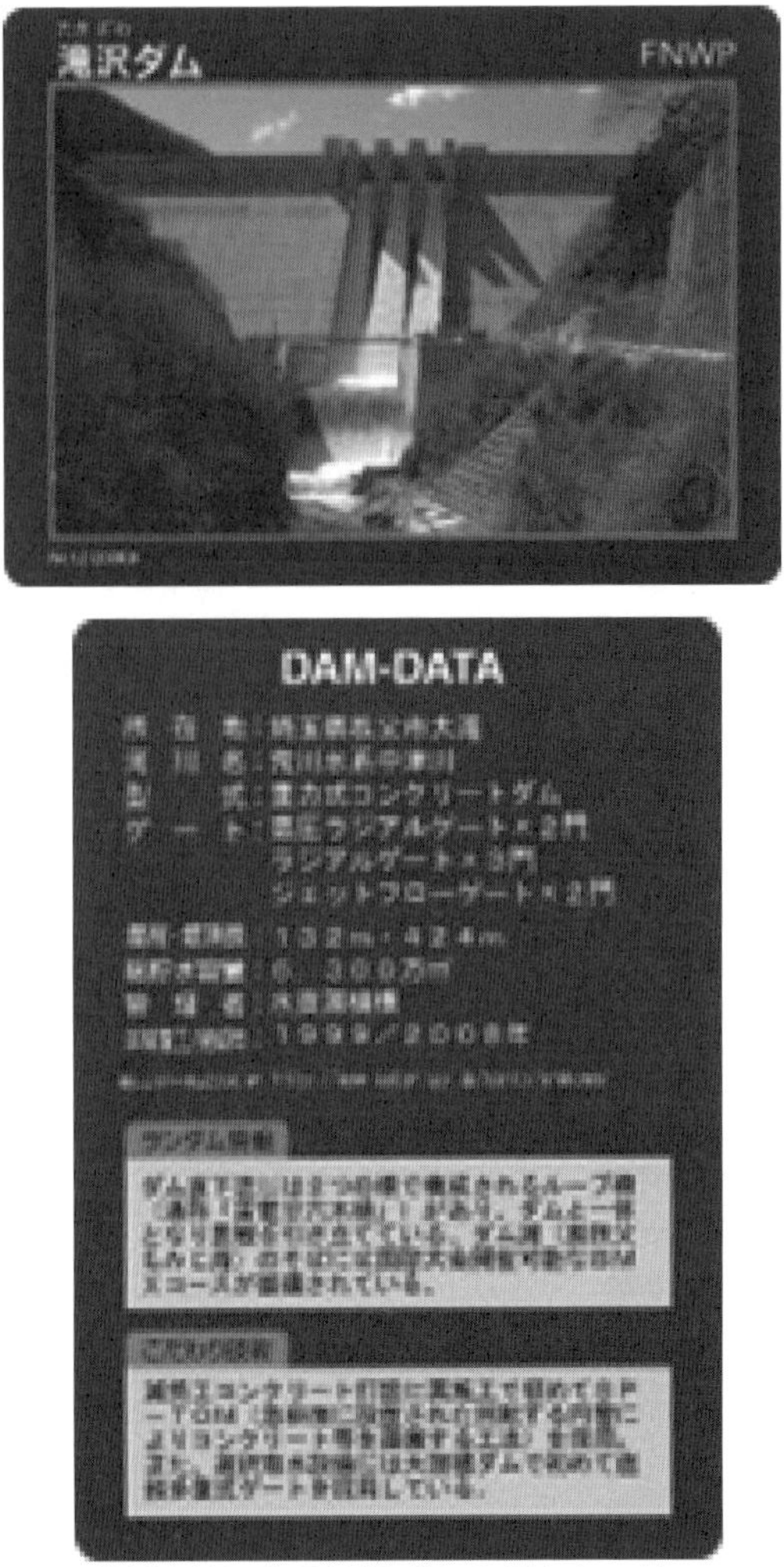

荒川上流にある滝沢ダムのダムカード
（表と裏）提供：水資源機構

荒川の中流部は、日本一川幅が広い場所として有名です。その幅なんと、２５３７ｍ。水が流れる部分は６００ｍ程で残りは農地ですが、ひとたび大雨が降れば、この農地に川の水を貯め、荒川下流の東京の水害防止の調整機能を果たします。

荒川中流は、下流に水を運ぶだけでなく、下流の水害防止にも一役買っているのです。ぜひ、この広々とした風景を見てみましょう。

川幅が広すぎて堤防の上からは、荒川の水面が見えない

埼玉県・鴻巣市の御成橋にある記念碑

実は、荒川の中流部は自然も歴史も豊かな場所です。この豊かな自然環境を生かし、絶滅が危惧されていたコウノトリの繁殖が進められています。運が良ければコウノトリが飛んでいるのが見られるかもしれません。

また、荒川中流部には、江戸五街道の一つである中山道（日本橋～高崎～木曽～京都）が荒川沿いに通っています。そのため、宿場町を起源とする町も多く、市街地には、歴史的な建物が残り、歴史探訪もできる場所です。ぜひ、自分の目で見てください。

荒川中流部で観察されたコウノトリ
提供：NPO 法人鴻巣こうのとりを育む会

桶川市にある今も残る蔵造りの商家

⑧令和元年東日本台風（台風第19号）を振り返る

台風第19号によって荒川流域では流域平均雨量は戦後最大、岩淵水門（上）の水位は戦後3番目の高さを記録したが、荒川放水路は洪水を安全に流して首都東京を守った。この洪水は、現在も荒川で洪水が発生するという事実を多くの人が再認識する機会となった。

早川　潤

（はやかわ　じゅん）

❐略歴

荒川流域石神井川周辺で育つ
平成 16 年国土交通省入省
平成 28 年 JICA 長期専門家
（インドネシア政府へ派遣）
東京のゼロメートル地帯の知見をもとにジャカルタ地盤沈下対策へ助言などを行う
令和元年関東地方整備局河川部広域水管理官
台風 19 号（令和元年東日本台風）対応
令和 2 年荒川下流河川事務所長
令和 4 年水管理・国土保全局
治水課企画専門官

❐『荒川放水路』が果たす役割

私が荒川下流河川事務所長として勤務したのは令和2年7月から令和4年6月の約2年間である。前年の台風第19号（現在は令和元年東日本台風と呼んでいる）を体験した流域の関係者の水害に対する意識は大きく変わり、荒川の水害がおきないようにしたいという思いが強くなっていた。それまでは「荒川で大洪水など発生しないだろう」と多くの人が認識していた。それもそのはずだ。荒川の河川敷より高い水位で洪水が流れていく姿をしばらく見た事がなかったのだ。岩淵水門（上）水位観測所は、台風第19号で戦後3番目（昭和33年以降最高）の水位を記録した。

私は当時関東地方整備局河川部に勤務し、荒川だけでなく利根川、多摩川、那珂川、久慈川など関東全体の河川を担当する立場であった。雨が強くならない10月11日（金）のうちに関東地方整備局の災害対策室に入った。同日17時に台風19号接近に伴う非常体制に移行し、総動員体制となった。12日（土）から13日（日）にかけて荒川の支川入間川など関東管内で複数箇所の堤防が決壊し、不眠不休の泊まり込みでこの災害に対応し、19日（土）の朝にようやく帰宅できた。当時の荒川下流河川事務所も同様の対応だったことだろう。

❐令和元年東日本台風のタイムライン

当時の荒川下流の記録を振り返ってみたい。荒川下流では平成29年から全国に先駆けて16市区を対象としたタイムライン（TL：事前防災行動計画）拡大試行版を公表し運用を開始していた。6日（日）3時頃南鳥島付近で発生した台風第19号に対しては10月7日（月）10時30分からTLレベル1-1を適用し、東京に青空が広がっていた時点から準備を開始していた。段階的にTLレベルを上げながら関係者は一つずつ準備を進めていった。

12日（土）15時あたりに荒川上流域の秩父の雨量は最高に達し、19：40頃には入間川支川の都幾川で氾濫が発生することになる。20：50には岩淵水門（上）水位観測所の水位がAP＋4・00mに達したため閉操作を開始し、岩淵水門を12年ぶりに閉鎖した。12日夜半には都内の雨は止んでいたが、荒川上流域で降った雨が下流へ洪水となって向かっていることは明らかであった。

治水橋の水位は13日（日）の早朝5時に最高水位に到達。5：20に岩淵水門（上）水位観測所の水位が避難判断水位（AP＋6・5m）に達したためTLレベル3に移行した。9：50に岩淵水門（上）水位観測所で最高水位のAP＋7・17mに達した。台風第19号ではタイムライン運用開始以来、初めてTLレベル3（目安の時刻－3H）まで進んだことになる。

15日（火）5：20にようやく岩淵水門を開門した。流域平均3日雨量（岩淵・笹目橋地点上流域）は昭和22年のカスリーン台風を上回り戦後最大であったものの、昭和22年のカスリーン台風、昭和33年の狩野川台風に続き、令和元年東日本台風でも荒川放水路は首都東京を守った。

都内の岩淵水門における最高水位を記録した時間は朝10時頃であり台風一過の快晴であった。荒川の水位上昇を見たことがない多くの人が荒川の堤防から洪水の様子を見に行っていたようだが、極めて危険な状況だと言える。当時は気象庁の大雨特別警報の「解除」と発令していたこともあり、危険が去ったと安心した人もいたようである。これを踏まえ令和2年から特別警報を解除する際も「解除」という言葉を使わず、「警報に切り替え」などと表現して誤解されないように工夫している。荒川のような大水系においては、特に雨の降り方と河川の流れの関係を理解するために山から海まで流下する流域全体を想像する思考が欠かせない。

❏流域治水の考え方

国では、気候変動の影響や社会状況の変化などを踏まえ、河川の流域のあらゆる関係者が協働して流域全体で行う治水対策、「流域治水」へ転換した。治水計画を「気候変動による降雨量の増加などを考慮したもの」に見直し、集水域と河川区域のみならず、氾濫域も含めて一つの流域として捉え、地域の特性に応じ、

①氾濫をできるだけ防ぐ、減らす対策

②被害対象を減少させるための対策
③被害の軽減、早期復旧・復興のための対策

をハード・ソフト一体で多層的に進めている。あらゆる関係者の中には行政だけでなく流域で生活する一人一人も含まれている。

「流域治水」の四文字ではなかなか伝えきれないが、英訳すると「River Basin Disaster Resilience and Sustainability by All」である。全ての人々によって、流域が水害に強くなりそして持続的発展を目指すメッセージが込められている。

□みんなで一緒にあらかわろう！

令和3年2月に、荒川に触れ合うすべての人が荒川に関心を持ち、「荒川」と「まち」と「ひと」がともにウェルビーイングな状態へ変容していくことを目指す荒川下流河川事務所理念を制定し、「みんなで一緒にあらかわろう！（Arakawa Transformation）」というスローガンを作った。私たちはインターネットが誰でも使える情報過多の時代に生きている。知りたい情報を簡単に手に入れることができる。その情報の真偽は別として。私たちはその情報に満たされる一方、他のことを知るきっかけを失っている気がする。

私たちはどのようにして知らない世界に足を踏み入れ、新たな「知りたい」を見つけられる

か?荒川がそのきっかけの場となるためには、荒川を愛する人たちがいて、荒川で活動する人たちがいて、荒川を語りあう人たちの存在が欠かせない。洪水から人の命と生活を守る放水路の物語を語り継がないといけない。だから本書籍のような荒川の興味をひきたてる物語はとても重要だ。荒川から放水路の名前が消え、この河川が人工的に掘られたことを知っている人も減ってきている。そんな中で、荒川放水路通水100周年はとても重要だ。荒川に関心を持つ大きな契機となり、荒川での体験が人生をウェルビーイングにしてくれることを願う。

⑨ 泳げる荒川の復活をめざして

三井　元子

（みつい　もとこ）

❐略歴

白百合学園高校、学習院大学哲学科美学美術史卒。

NPO 法人あらかわ学会副理事長兼事務局長

NPO法人エコロジー夢企画理事長、元（一般社団法人）経済調査会理事、（公益社団法人）日本河川協会理事

著書に童話「野うさぎジニーの大事な歯」、監修書に「扇大橋お散歩マップ」、「花畑運河の今昔－荒川放水路の歴史・産業遺産－」

平成25年度「地球温暖化対策防止活動」環境大臣賞受賞

環境省登録 環境カウンセラー

□はじめに

私の家は、荒川放水路の際にあり、幼稚園のころは、いつも土手の緑に誘われて花や虫を探しに行く毎日だった。けれども河川敷の水たまりは、葦の根もとに真っ黒なヘドロが巻き付いていて、臭く、とても手を入れる気にはなれなかった。

小学一年生のころ、父と手をつないで天端（土手の上）を散歩していた時、父から

「昔は、ここに水練場がいくつもあって水泳を教えていたんだよ」

と聞き、子ども心に衝撃を受けた。

（なんでこんな汚い川で泳げたの？　きれいだったの？どうしてこんなに汚れちゃったの？）と。

後で学んだことだが、私が小学一年だった一九六〇年（昭和三五）のころが、川の汚れのピークだったのだ。全国どこの川も汚れていて、多摩川では合成洗剤による泡が川一面を覆っていると問題となっていたころだった。

荒川放水路の土手を歩く　1958 年三姉妹といとこたち（最後尾が筆者）

❏荒川放水路は公共プールだった

青山士が心血を注いで完成させた新しい川、荒川放水路は一九二四年（大正一三）一〇月一二日の通水からまもなく一〇〇年を迎えようとしている。正式にすべての工事が完了したのは、一九三〇年（昭和五）であった。上の写真は、父のアルバムにあった荒川放水路「講武館水泳部」の記録だ。

「水練場」　荒木良二蔵

一九三〇年（昭和五）から一九三八年（昭和一三）までの写真が納められている。一九三七年（昭和一二）に日中戦争がはじまったため、翌々年には、荒川放水路花火大会も中止されている。父の話によると戦後しばらくは、水がきれいで泳げたという。

　夏になると岩淵水門から下流に向けて両岸にたくさんのテントが並

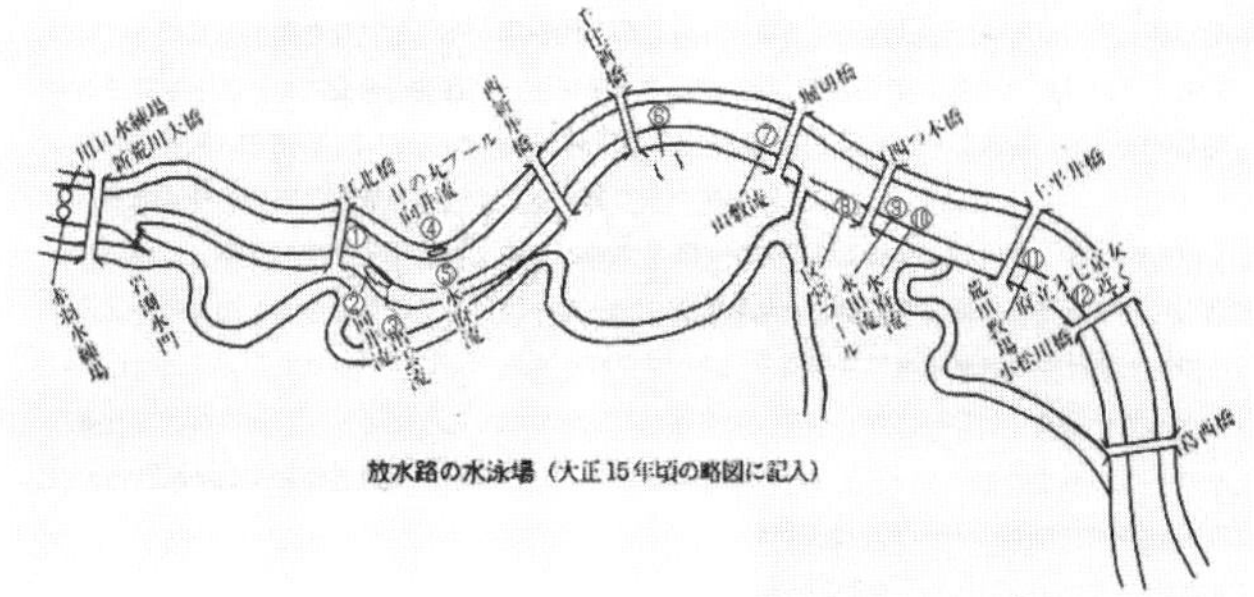

（水練場位置図　「荒川放水路物語」より）

び、町なかの武道教室が水泳教室を開いていたという。通水式からわずか五年でこの賑わいだ。私は川の中にこれほど人が入っているのを見たことがない。足立区千住では、千住新橋を中心に左岸には修武館・練武館、右岸に講武館・正柔会など。講習料はひと夏一円〜二円だったそうだが、これは当時にあっては高い値段だったらしい。江北橋下の包丁池という水練場では、七〇銭を町が負担し、個人は三〇銭だったという記録がある。放水路ができてから勝手に泳ぎ、溺れて亡くなる子どももいたので、泳ぎを覚えられるよう町ぐるみで応援したのだろう。川岸から一〇メートル位の所に伝馬船が浮かべてあり、上級者はそこまで泳いで行けるが、初級者は丸太の柵の内側で泳ぎの練習をしたという。写真で見ても水は透き通っていて川底が見えている。

『荒川の昔　水辺の記録』（荒川の昔を伝える会　編集）には、泳いだころの思い出が掲載されているので、いくつか紹介する。

「当時は学校や公園にプールはなく、水の澄んでいた放水路がただ一つの泳ぎ場……」

「水しぶきを上げてははしゃぐ子どもたち、千住新橋の上から見学する人……この風景を見ると、千住の町に夏が来たなと感じたよ」

「千住新橋付近は潮の満ち引きで川幅や水深が変わるし、またモーターボートが通過すると波のうねりに乗るのが楽しかったなあ」

と、実に楽しそうでたくましい。

□休日はヨットでのんびり

「荒川の昔ー遊びー」（荒川の昔を伝える会編集）には、ヨットやボート遊びをした思い出が綴ってある。新橋を挟んで上下流に一〇軒ほどの貸しボート屋があって、一番盛んだったのは昭和四年〜一二年頃まで。営業期間は三月から八月の終わりまでだったようだ。貸しボートは一時間三〇銭、ヨットは六〇銭だった。ヨットはボートより一回り大きかったが子どもでも借りられたという。ボート屋さんは溺れる人を救助するのを手助けしたので、警察からの人命救助の感謝状が置いてあったそうだ。度重なる洪水で舟が流されて廃業していったという話だが、写真集には昭和三九年のものまで掲載されている。私も土手下にボート屋さんの看板があったのを覚えている。

西新井橋上流（昭和 20 年代）
（東京電力の 4 本煙突が見える）

□魚とりのメッカ

ここに一九五〇年（昭和二五）頃の写真がある。男の子たちは高水敷の池で泥んこになって四つ手網やたも網を使って、魚とりに夢中になっていた。戦後の食糧難から河川敷は一時田んぼになっていた。その形状が残っていたのだろうか?子どもたちにとっては恰好の安全な遊び場となっていたのだ。今でいうビオトープが、自然にできていて、フナ、エビ、カニ、ドジョウ、大きなうなぎが捕れたこともあったという。「泥だらけになった体を荒川に入って洗い泳ぎして楽しかったなあ」という。

昭和 25 年 河川敷で遊ぶ子どもたち
（足立区立郷土博物館蔵）

それから一〇年の間に、戦後の復興で沿川にはたくさんの工場が立ち並び、排水基準がないまま汚染水を垂れ流したので、あっという間に泳げない水質になっていった。同時にそれらの工場が地下水や天然ガスをくみ上げて使用したために地盤沈下も起きていった。あれよ、あれよという間に河川敷の地盤が二メートルも下がってしまったのだった。高水敷には、その汚染された川の水が入って動かなくなり、よどんで悪臭を放ち始めた。川遊びの子どもたちの姿は、年を追うごとに減少していった。

一九五八年（昭和三三）に「水質二法」と「下水道法」が成立し、その後「水質二法」は廃止され一九七〇年（昭和四五）に「水質汚濁防止法」がやっと制定されるが、改善の兆しが見えるまでにはなお三〇年を要したのだった。

その間に、泳ぐ場所は学校プールがとって代わり、教育委員会は「子どもだけで荒川に行ってはいけません」という規則を作り、川で遊ぶ子どもが激減していった。

❐河川敷の受難

一九五九年（昭和三四）名古屋方面を襲った伊勢湾台風が高潮の恐ろしさを見せつけ、それから荒川でも堤防や高水敷の嵩上げが行われた。隅田川が垂直護岸になったのもこの時だという。

一九六四年（昭和三九）の東京オリンピックは、日本に空前のスポーツブームを巻き起こし、「もっとグラウンドを！」という声が町中から溢れ、高水敷にグラウンドが次々にできていった。しかし、水はけが悪く、大雨や洪水の度に整備が必要だったため、沿川一市七区の多くの利用者から苦情が出る。

そして遂に一九七三年（昭和四八）、荒川水系工事実施計画が改定された。建設省荒川下流事務所（現在の国土交通省荒川下流河川事務所）は「二百年に一度来る確率の洪水を予想し、川の処理能力を毎秒七〇〇〇㎥とすることにした。現在は毎秒五〇〇〇㎥である。高水敷をこのまま放っておくと堤防に水が浸潤してもろくなる。また堤防の基礎が弱くなりクラックが入って崩れる恐れがあるので、法尻より五〇ｍ幅で高水敷を造成することにした」と説明し、大規模な河川敷の造成を何年もかけて施工した。これによって、グラウンドの水は確かに雨が降っても引きやすくなった。同時に堤防の腹付け、嵩上げ等の実施が決まった。一九七四年（昭和四九）に結成された「荒川下流の自然を考える会」は、約二万羽の野鳥が生息しているヨシ原が減少するので、埋め立てないでほしいと要望を続けていた。（あらかわ学会年次大会2021論文集　斎藤光明氏論文より）

この堤防の嵩上げにより、「緑が呼んでいる」ように思えた土手が、高い殺風景なコンクリート壁に変わってしまって、人々はますます河川敷に散歩に行くことが少なくなった。整備されたグラウンドからは砂が巻きあがって洗濯物を汚し、土手際の私の家では、母の苦情が多くなっていった。

❐あわや旧日光街道が国道4号線のバイパス通りに？

この堤防嵩上げ計画に伴って、千住新橋も国道４号線の拡幅を兼ねて架け替えられることになった。千住新橋は荒川放水路（現荒川）建設時の一九二四年（大正一三）六月に架橋されたが、自動車交通の増大にともなって、千住新橋は渋滞の代名詞のようになっていた。工事は旧橋の下流側に上り線を設置して開通し、下り線は一九八三年（昭和五八）に開通した。

これだけならよかったのだが、渋滞緩和のために土手上から左に降りてくるバイパス道路を建設することになった。しかし、その坂路の先は旧日光街道である。それまでも、事故が多い旧道の狭い道に先を急ぐ車が通り、通学通勤の生活道路が危険にさらされる。第一、ここは松尾芭蕉が「奥の細道」へと出発した歴史的街道であり、江戸のおもかげを残す風情のある道筋ではないか。

そこで、地域住民が立ち上った。「地域環境を守る会」である。母がその事務局長になったことから、当時大学生であった私も手伝い、商店街の署名集めや区や建設省との折衝にも参加した。行政は「町会長を集めて説明したから地元の了解は取れている」と強硬だったが、地元住民にとっては、「寝耳に水」のことである。

調べてみると、町会長は行政の計画を会員に説明する法律的な義務は負っていなかった。行政が都合よく町会・自治会組織を使っていたに過ぎなかったのだ。(あれから何十年たったろうか。しかし、この行政との関係性はいまだに修正されていない)

「地域環境を守る会」は、多くの署名を集め粘り強く折衝を続けた。その結果、「工事費は付いているので、坂路は作らせてもらいたい。ただし、遊歩道とする」ということになった。なんとも後味の悪い結論であった。しかし、そのことがあってから、足立区行政は「サンロード商店街」を「宿場町通り」と呼ぶようになり、歴史解説の看板を立てたり、江戸情緒のタイルを道路に張ったりし始めた。今では、歴史散歩を楽しむ方々が古民家を改造した居酒屋にあふれている。千住は歴史・文化のある町として生き残り、都内でも人気のスポットとなった。工事を計画する際には、必ず歴史文化を調べてほしいというのは、このことだ。

北千住サンロード商店街 宿場町通り

紙漉き問屋横山家と解説板

❒私と水泳

父、荒木良二は、日大一中のころから大学を卒業するまでずっと水泳部であったため、千葉県勝浦市上総興津の合宿所でひと夏を過ごすことが恒例となっていた。母と結婚してからも毎年興津に行く事を望んだらしい。そこで酒屋さんの二階を借りて、夏の一ヶ月間は子どもたちを海で過ごさせてくれたのである。

私は三姉妹の末っ子であったから、母のおなかの中にいた時から毎年、海で過ごしていたことになる。父は、二歳ずつ離れている私たちに順番に水泳を教え、年ごとに泳ぐ距離を更新して行かせた。

六年生までには、一キロ先にある防波堤まで往復することを目標としていた。そのため三年生では浜と並行に三〇〇メートル泳ぐ。四年生は沖に向かって五〇〇メートル。五年生では防波堤までの一キロメートル。六年生になったら防波堤まで往復するというように、少しずつ距離を延ばしていっていた。三女の私は特例で、五年生で二キロメートルを泳ぎ切った。体育は苦手だったけれど水泳だけには自信が持てた。「少しずつ頑張っていけば、何事もいつかは達成できる」という大事なことを教わった。

一家族の遠泳であっても、父はいつも伴走艇をつけて、観光協会に届け出てから出発した。台風が近づいてきて、波が荒くなった日には、「三人は連れていけないから、一人だけ行こう」と言って、海に連れて入り、浜と並行に泳ぎながら、荒れた海での泳ぎ方を教えてくれた。またゴムボートが離れていってしまったり、ボールが風で飛んでいってしまったりしたらどうやって取り戻すのかなども教わった。

海はお盆を過ぎるとクラゲが出始める。中でもカツオノエボシ（電気クラゲ）は、刺されるとやっかいだ。荒木家では、クラゲを見つけると水泳帽にすくって浜に埋めに行くのが習慣になっていた。

ところが、小学校四年生の時、カツオノエボシの大群に出会ってしまったのだ。いかだ型のゴムボートに乗って沖にいた私は、電気クラゲを見つけて水泳帽にすくおうとしたが、あっちからも、こっちからもカツオノエボシが寄ってくるではないか。とても一人じゃすくいきれない。（泳いでいる人たちに早く知らせなくっちゃ）と思い、勇気を振り絞った。大きな声で、

「電気クラゲがいますよ〜！」

と叫んだ。ところがどうだろう。私より浅瀬に立っている大人たちが、一斉にこちらを振り向いたのに、冷たい目で私を一瞥すると、また顔を元に戻し、何事もなかったかのように遊び始めてしまったのだった。取り残されたような寂しさの中で、

「なぜ？子どもの言うことだから、きかなくたっていいの？無視していいの？自分たちが痛い目にあうのに……なぜ？」

私はあの時の大人の冷たい視線を忘れることができなかった。

「ここまで泳げるようになったのだから一八歳になったら日赤の救助員の資格を取って人を救えるまでになりなさい」

と、父に言われていたので、大学に入ると早速救助員の資格を取得。ホテルオークラの夏のプールの監視員に始まり、金町スイミングスクール、渋谷区児童福祉センタープール、サリドマイ

ド児の夏のプール合宿などで水泳指導をした。そして、一九六九年（昭和五四）、日赤職員と結婚した。彼は、水球部だった大学時代に日本泳法との出会いがあり、今も水府流太田派の範士として日本泳法の指導に当たっている。

❐川活動のはじまり

一九八九年（平成元）、私は生活クラブ生協の研究グループ「せせらぎグループ」代表となった。「せせらぎグループ」は、足立区の消費者グループとして登録し活動をしていた。会員は七人。足立区消費者センターの中に実験室があり、専門の職員もいたので、ガスクロマトグラフを使って、合成洗剤と石けんの洗い上がりの違いを比べたり、合成洗剤が生物に与える影響を調べたりすることもできた。三重大学の坂入栄先生に合成洗剤シャンプーによる髪のキューティクル損傷状態を調べた資料をいただいて、消費者展で発表もした。今はシャンプーや洗剤の組成もだいぶ変わってきていると思うが、当時は、朝の洗濯時間帯になると家庭からの排水で、多摩川が真っ白い泡でおおわれているというニュースが取り上げられていた。

足立区立の小学校で、石けんと合成洗剤による靴下の洗い比べ実験をした。石けんは、植物油から作るので、川に流れ出ても微生物が食べて分解してくれるが、合成洗剤は、石油から作るので微生物による分解が進まず、泡が魚のエラを塞いで死んでしまうという実験結果を見せて話をした。

　使用濃度で作った合成洗剤と石けんが入っているビニール袋に、汚れた靴下を片方ずつ入れて両手に持ち、一〇分間音楽に合わせてシャカシャカ、シャカシャカ振って洗い、一回だけすすいでから脱水して干した。平均すると、汚れ落ち度はほとんど同じだった。

「同じ洗い上がりだったらどっちを使う?」と聞くと、みんなが「石けん!」と答えてくれた。

　そんな中、足立区衛生試験所職員の芝早苗さんと高橋朝子さんが、「全国一斉水質調査に参加しませんか」と声を掛けて下さった。金町浄水場に入る江戸川の水とそこに入る坂川という支川の水質検査に同行した。常磐線松戸駅から十分ほど歩くと二〇メートル幅くらいの川があった。しかしその川は、微生物の死骸のスカムという黒いカビのようなものが浮かび、悪臭のする川だった。河口付近にオイルフェンスが張ってあり、職員が胴長を着て、バキュームホースをもって川に入り、ごみを分けては吸い取っている姿を見た。この川が江戸川と合流し、そのわずか二キロメートル下流に金町浄水場の取水口があって私たちの飲み水を作っているという。

週3回バキュームするという
坂川の清掃員（1991年5月）

それから「せせらぎグループ」は、毎年川の水質調査に関わり、独自に足立区を流れる綾瀬川や荒川での定点観測も開始した。

足立区には、一九八〇年（昭和五五）から全国一級河川水質ワーストワンを続けている綾瀬川があった。私の家のすぐそばを流れている川が、こんなに汚いのは残念だった。透視度計に綾瀬川の水を入れて、底に書いてある十字形が見えるところまで水位を下げていく。清流で有名な高知県の四万十川は、四メートル下の石ころが見えるというが、そのころの綾瀬川は、一五センチメートルまで下げないと十字形が見えなかった。

荒川では、七年間、雨の日も雪の日も西新井橋の中央に集まり、月一回の定点観測を続けた。ある時、洪水の翌日に荒川の小菅処理場付近で水質検査を行うことができた。大雨が降った時は処理しきれなくなり、「生放流」してしまっていると聞いたことがあったからだ。処理水が出てくる放流口付近と、まだ処理水が混じらない上流側の水を採取して簡易テストのパックで調べたところ、COD（化学的酸素要求量）の値が著しく違っていた。雨水と家庭排水の管を分けなければ、いつまでたっても水質は改善しないと実感したエピソードである。それに雨水が分離されれば、雨水の二次使用も進み、省エネになるのにと思った。

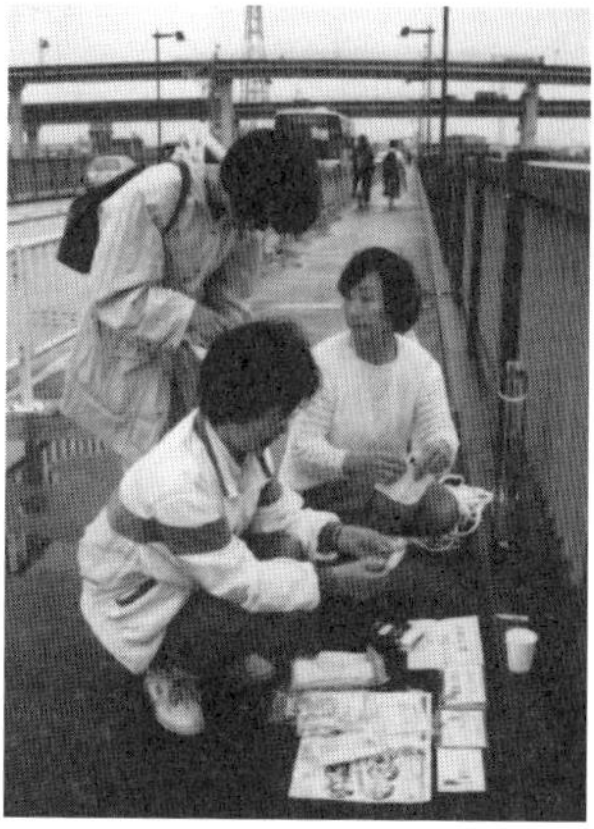
7年間続いた荒川での水質観測（西新井橋）

❐足立環境ネットちえのわ

一九九二年（平成四）一一月、足立区で環境問題にかかわっているグループが集まって、親子参加の講演会を開催したところ一八〇名もの参加があった。そこでネットワーク団体を作ろうという機運が高まった。年に一回は合同で環境教室を開催していこうということになった。

会の名前を考えている時に、小学校三年だった息子が、ちえのわに夢中になっていた。「これだ！」と思った。環境問題を解決していくには、みんなで知恵を寄せ合って解を得ていかなければならない。そこで、みんなに提案し、会の名前は「足立環境ネットちえのわ」と決まった。水質やごみ問題、原発問題を考える市民団体や教職員組合のグループ、足立区職員など七つの団体がネットワークを形成し、私が代表となった。

講演会は、神奈川県の小学校で家庭科授業を受け持ってユニークな活動をしていた名取弘文先生を招いて、ハチャメチャに楽しい講座を四年間やっていただいた。「とべバッタ！」や「ふきまんぶく」の絵本作家として有名な田島征三さん、「地雷ではなく花をください」の作家、葉祥明さんも来てくださった。「足立環境ネットちえのわ」の講座は楽しくって、親子で環境問題を学べるとあって、毎回一〇〇人から一八〇人の参加者を集め、足立区内でも有名になっていった。

❐建設省との接点、ふたたび

一九九三年（平成五）、建設省（現国土交通省）が「河川環境保全モニター制度」を創設し、全国の水系に導入することになった。私は、足立区から推薦されて荒川下流の河川環境保全モニターになった。あまり荒川の歴史や環境を知っていたわけではなかったが、荒川の土手の際で育ったし、水質には興味があったから引き受けてみてもよいかなと思った。普段、荒川を歩いていて気が付いたことがあれば、報告してほしいという。

当時の荒川下流河川事務所長は布村明彦さんで、初代モニターは三人選ばれた。荒川下流で最初にモニターになったのは、「隅田川のほとりによみがえった自然」（尾久の原）で有名な（故）野村圭佑氏と牧野富太郎さんにも教えを乞うたことがあると嬉しそうに語っていた両国高校の教諭で水草研究家の（故）大滝末男さんと私である。年に一回は、関東地域のそれぞれの水系の見学会とモニター交流会もあり大いに勉強になった。

荒川下流河川事務所では、一九九四年（平成六）一〇月一二日の荒川放水路通水七〇周年記念日に向けて、三〇件近い様々な催しを企画して進めている最中だった。講演会、座談会、見学会、市民参加の一日ミュージカル等々。

そこで、「河川環境保全モニターとしても、市民発案のシンポジウムを企画しようじゃないか」と野村委員から相談があり、様々な市民団体が入った実行委員会が立ち上がった。

その時出会ったのが、全国水環境交流会の代表理事の山道省三さんである。「建設省におもねることなく、市民が考える市民ならではのシンポジウムを開こう」と発言していた。この方のフラットなものの見方には感動した。のちに、「いい川、いい川づくりワークショップ」という全国規模の川の市民団体交流の場を作ったメンバーの一人である。全国の川仲間との出会いを導いていただいた。

三月一二日、足立区産業振興館において「下町河川環境シンポジウム」が開催されることになった。パンフレットが出来上がり、実家にその話をしにいくと、たまたまお出でになっていた元「地域環境を守る会」役員の方が、

「なんで元子さんが、あんな嫌な目にあった建設省なんかに協力するのか気持ちがわからない」と、苦虫をかみつぶしたような顔でおっしゃった。あれから二〇年もたっているのに、地域住民にとっては、それほどに衝撃を受けた事件だったのだ。「建設省憎し」は、地元のみんなの心に、未だにくすぶっている感情だった。私はあえて、そこと関わっていこうとしていた。

■パブリックコメントの草分け「荒川将来像計画」への協力

荒川下流河川事務所では、全国にはなかった構想、「荒川下流将来像計画」を策定することとなり、その完成への道筋で大変ユニークな方法を取った。すなわち、計画案の開示と意見募

集である。この時の荒川下流河川事務所長は、この本の第一章でマモル君がインタビューした大平一典さんである。

今日では、「パブリックコメント募集」は珍しくなくなったが、国土交通省がこれほど市民とオープンな議論をしようと試みたのは初めてのことであった。将来像計画というのは、荒川下流部の利用形態についてのゾーニングを見直そうというものである。

下流に接している自治体は、二市七区あるが、これまでそれぞれに対して個別に河川敷の占有許可を与えてきた為に、荒川下流全体を通して見ると延々とグランドが続いてしまい、緑の連続性が失われてしまっていた。そこでまず、おおむね五〇年先の望ましい姿として、緑のコリドール（回廊）を意識した大きなゾーニングを決め、それに沿って各自治体が一〇年先を目途としたリーディングプロジェクト（実施計画）案を作成した。

こうして出来上がった「荒川将来像計画全体構想書（案）」と二市七区の「地区計画書（案）」九冊は、市民からの意見募集を行うために、二市七区の本庁舎だけでなく、各出張所にまで置いて開示された。このような手法は全国初で新鮮だった。

国交省主催のシンポジウムが江戸川区で開催されたが、これを受けて市民団体は、「これでいいのか将来像」というシンポジウムを足立区で開催し、将来像計画が広く市民の手に渡るよう協力した。

私は荒川の将来像作りなのだから、子どもの意見も聞いてほしいと提案し実行した。

□荒川の未来像づくりに参加しよう！「子ども会議」

私は、「荒川下流の自然を考える会」の協力を得て、足立区の子どもたちに呼びかけ、夏休み中に二回の荒川歩きを実施した。三回目には、足立区役所会議室で行政と子どもの「子ども会議」が予定されていた。

区内の五～六年生が西新井橋に集まり、将来像計画案と比較しながら、アンケートに書き込みをしていった。

二日目は、荒川放水路の終わるところを見てみようと海まで歩いて行った。暑くて汗だくになったが、橋の下に行くと涼しい。計測すると2℃も気温が低くなることが分かった。釣りをしているおじさんたちに会い、荒川についてのインタビューもした。

荒川下流河川事務所の職員が車で追いかけてきて、子どもたちにアイスクリームとスイカをふるまってくれた。子どもたちはびっくりして、

「えっ、国の税金でしょう?なんでこんなに良くしてくれるの?」

と聞いていた。すると河川事務所職員が、

「だって、君たちが荒川の将来像を考えて意見を出してくれるっていうからさ、応援に来たんだよ」

と答えた。すると、子ども同士で「やっぱ、三回目の子ども会議は出たほうがいいよね。出よ

うよ」などと相談していた。

八月二三日、おそらく足立区政史上初の「子ども会議」が、本庁舎で行われた。

「きちんとした意見を持ったら、大人もきちんと聞いてくれるということを体験させたい」と足立区の鯨井課長に頼み込んで実現したのだった。一五人の子どもたちと大人が集まり、足立区土木部（現、都市建設部）、環境課、水と緑の公社、国土交通省の職員らと意見交換をした。

子どもたちからは、荒川の未来について「荒川で泳げたらいい」「膝くらいのジャブジャブ池を作ってザリガニや魚を追いかけられると良い」「草ぼうぼうの河川敷もあった方が良い」「橋の下は涼しかったけど、もっと木陰があった方が良い」などの意見が出ていた。

足立よみうり

「拝啓 古性区長さま」

私たちはこんな荒川にしたい

子ども会議

荒川で泳げたらいいな

足立よみうり 1996年9月5日号

❐河川法の改正（環境＋市民意見の反映）

一九九六年（平成八）四月、ついに「荒川将来像計画」が成案になり各自治体に配布された。

驚いたことに、その巻末には、市民から届いた一七七件の意見書と並んで、荒川の将来を考える協議会（二市七区の首長による協議会）と荒川下流河川事務所からの回答と見解が記されていたのだ。今までの行政にはない画期的なことだった。これが後のパブリックコメント募集制度の始まりの物語である。

尚且つ、市民団体は『荒川将来像計画』が、絵に描いた餅にならない方策を強く望んだ。そこで、荒川下流河川事務所は各自治体に「荒川市民会議」を設置することを求め、一九九六年（平成八）下期に発足させたのであった。各市区のおおむね一〇年のリーディングプロジェクト案の実現に向けて、合意形成を図っていく会議体である。

公募した区民、野球場などの利用者団体、環境団体、学識経験者、荒川下流河川事務所長、土木部長などが一堂に会して、実際の施工方法について話し合った。初めての試みであったので、当初からうまく機能したわけではなかったが、このような先進的な取り組みが評価され、河川法の改正に一役買うことができた。

すなわち、一九九七年（平成九）、三三年ぶりに改正された河川法では、それまでの目的であった「治水」「利水」に加えて「環境」と「住民意見の反映」が明記されたのだ。この影響は、河川にとどまらなかった。私が望んでいた「市民参画」が、荒川を起点として一歩進んだのである。

❐足立区あらかわ市民会議

私は、足立区の市民会議に所属していた。議長は、足立区民で東京農業大学教授の鈴木誠さんであった。当初、野球場利用者団体は、野球場を自然地に取られてしまうのではないかとの不安から出席していたようだったが、お互いの荒川への思いを話し合う内、少年野球連盟の方が、

「そういえば、自分も子どものころは荒川でよく遊んだなあ。ヨシ原に入ってヨシキリの卵を取って食べたりした。子どもたちにも自然体験させてやりたいなあ」

とおっしゃって、野球場の横に溝を掘って整備してくださったことがあった。また、せっかくリーディングプロジェクトで作った五反野ワンド上流のサンクチュアリ水路が、数年でごみに埋もれてしまって機能していないと環境団体が報告し続けていたので、市民会議メンバーの官・民総出で、ごみ拾いをしたこともあった。

議長の鈴木誠さんが、海外留学で不在になった二年間は、私が議長代理を務めた。その時、本木のポンプ場樋管撤去跡に「本木ワンド」という自然再生地を創生するリーディングプロジェクトを扱うことになり、たくさんの会議と行政との交渉を重ねて実現した。足立区あらかわ市民会議のメンバーにとっては、会議の成果であるという自負があるので、メンバーの中から「本木ワンドを守る会」が結成され活動をしていた。しかしメンバーの高齢化によって解散になる

と、そのままにしておいては『もったいない』と他のメンバーが『足立区本木・水辺の会』を結成して活動を始め、現在に至っている。草刈り・ごみ拾いなどを行って、子どもたちの環境教育と区民の憩いの空間を創出するよう努力している。計画段階から参画することの大切さを示す良い事例だと思う。

❐あらかわ学会設立

「荒川将来像計画策定」と並行して、誰でも入会できる「荒川の学会」を作ろうという構想が持ち上がり、一九九五年（平成七）、「あらかわ学会準備委員会」が立ち上がった。国や市区の行政職員も、企業人も、一般市民も個人として入会できる学会である。私もその役員となって、「公平なルール」を実現するための会則づくりに時間をかけた。目的は、『荒川の歴史的・今日的意義と役割を見つめなおし、荒川（流域）と荒川住民との関係のあるべき姿や自然・文化の有様を考え多くの人たちに愛される荒川に！』である。

そして一九九六年（平成八）一〇月一二日の通水記念日に、「あらかわ学会」設立総会が開催された。発足当初の会員数は一三三名。会長に故・宮村忠氏（関東学院大学教授）、副理事長に鈴木誠氏（東京農業大学教授）と三井元子（主婦）が選任された。理事は、当時の荒川下流河川事務所長（大平一典氏）や江戸川区、足立区の土木部長、自然保護団体会員、ゴルフ場経営者、史談会会員など多岐にわたっていた。だから、「三井さんは荒川の「あ」の字も知らないじゃないか」と批判する理事もいたけれど、公平なルールを施行するために選任されたと考え、副理事長を引き受けた。生活クラブ生協足立支部委員長として培った実績があったからだ。以来、企画総務委員会担当理事としてたくさんの細則の整備にあたり、様々な企画を遂行する事務局長的な役割を担った。

あらかわ学会の主な活動は、荒川での事業・活動・研究・提案などをだれでもが発表できる「年次大会」と委員会活動であった。自然環境委員会、歴史民俗委員会、美術委員会、写真委員会、スポーツレクリエーション委員会の活動を支援しながら、各委員会が主催する様々な「あらかわセミナー」を実施した。講演会、まち歩き、野鳥観察会などを実施した。あらかわWeb探検隊では、子どもたちと一緒に、荒川の伝統漁法を再現して「建干漁」「笹伏せ漁」「地引網」を収録した。また、「年次大会論文集」をはじめ、「荒川の舟運」や「荒川両岸まち歩き」（一〜四号）、「まわってめぐって荒川」などの書籍や写真集発行を行った。二〇〇三年（平成一五）、NPO法の施行に伴い、あらかわ学会は「NPO法人あらかわ学会」

足立区本木・水辺の会事務局長　金子勝治氏撮影

となり、理事長は鈴木誠氏に代わった。副理事長には小松原時夫氏（㈱モンタージュ代表取締）と三井が選任され、私は、引き続き事務局長的な仕事を担った。

二〇〇四年（平成一六）二月、国土交通省から「関東の富士見百景」の登録募集が始まった。荒川下流からは富士山が見えるポイントがたくさんあったので、さっそく写真委員会に協力してもらって応募したところ、みごと荒川下流全域が、「関東の富士見百景」に選定された。二〇〇五年（平成一七）には、荒川のみならず、関東の川活動を活性化したいと「川の日ワークショップ関東大会」を開始し、川仲間が増えていった。

あらかわ学会出版物

❐日本水大賞・国土交通大臣賞の受賞
―多様な価値観を持った大都市河川・荒川における合意形成手法―

二〇〇六年（平成一八）、NPO法人あらかわ学会一〇周年に当たり「日本水大賞」に応募したところ、それまでの活動に対し、日本水大賞・国土交通大臣賞をいただくことができた。

この時の賞のタイトルは、「多様な価値観を持った大都市河川・荒川における合意形成手法」である。

この時、理事長の鈴木誠氏は、「それぞれの立場を尊重すること、お互いを理解して会を運営することに努めてきた。役員が交代しても同じように民主的に運営していけるようにするためには、一定水準のルール作りが必要であるが、一つの価値観で成り立つ組織ではないだけに、大変な時間と労力がかかっている。『川づくりにおける民主主義的なルール』を構築し、交流をしていかなければならない」と述べている。

また別の寄稿文で「『人の作った森』（明治神宮の森）が永遠の杜づくりを意図して完成を見たのに対し、『人が作った川』（荒川下流、荒川放水路）の川づくりに永遠の完成はない。これまでもこれからも、川らしい荒川づくりは、人との関係の中で永遠に続いていくものなのである」（「都市公園」第一九一号）と述べている。

「年次大会」では、荒川に関して小学生から大人まで、他分野の方々からの応募もあり、二〇二二年度までの論文は七四四点、ポスター・展示は一七二点を数えるまでになっている。

荒川将来像計画策定から一〇年たった二〇一〇年（平成二二）、各市区が、リーディングプロジェクトの見直しを行った。あらかわ学会では、これに先立って、二〇〇九年（平成二一）二月「荒川将来像検証・生物生息環境調査報告書」と「荒川将来像計画二〇一〇推進計画意見書」を荒川下流河川事務所に提出し見直し事業を後押しした。

荒川市民会議全体会が開催され、この見直し事業のまとめとして、「放水路から川らしい水辺へ」というスローガンが決まり、治水・環境・利用の相互関係を大切にしたバランスのとれた川づくりを目指すことが確認された。

ところが、一九九一年（平成三）から始まった日本経済のバブル崩壊の足音と共に、河川改修の予算が付かなくなり、議題がなくなっていったことから各市区の市民会議は衰退していった。そしてとうとう二〇一三年（平成二五）頃からは開催されなくなり、ついには廃止されてしまったのだ。

市民会議に代わる行政と市民の話し合いの場が求められていたが、二〇二三年（令和五）に行われた荒川将来像計画の見直しでは、市民意見の聴取方法は、パブリックコメントだけになっていた。

2006 年　第 6 回日本水大賞　受賞記念盾

一九九六年（平成八）の将来像計画策定の際の市民意見の募集がきっかけで、市民参画が進み、世間では、パブリックコメントの募集が盛んになった。各省庁、各自治体の各課が盛んにパブリックコメントで意見募集をするようになった為、逆にあまりにも日程がタイトになり、回答する市民が少なくなってしまった。しかし、行政は一件でも二件でも意見が寄せられれば、「市民一般から広く意見を聴取した」と報告できるので、アリバイ作りの道具になってしまったようで残念である。

荒川市民会議のように双方の意見交換をする場は非常に大切で、立場の異なる人々が議論するからこそ、お互いの立場や思いを共有して妥協案が生まれたり、協力し合ったりする場面が生まれるのだ。インターネットやメールですべての連絡を済ますようになっていくと、相互理解という「目に見えない大切なもの」が失われていくことを忘れてはいけないと思う。

❐台風一九号がやってきた

二〇一九年（令和元）台風一九号がやってきて、私の家族も初めて近くの小学校に避難した。これは後に「令和元年東日本台風」と命名され広域災害となった。一〇月一二日に伊豆半島に上陸して関東を通過したのち、東北地方の東海上に抜けるまでの間に、記録的な大雨をもたらし、国の管理する河川（一四ヶ所）と県管理の河川（一二八ヶ所）、合わせて一四二ヶ所の堤防決壊があった。二〇一八年の西日本豪雨災害（二七ヵ所）、二〇一五年（平成二七）の関東・東北豪雨災害（二四ヵ所）に比べても格段に堤防決壊の数が多く、土砂災害は、一都一九県で九五二件発生。これによる死者・行方不明者は、一都一二県で八六人、家屋全壊は三三二七三棟、床上浸水七六六六棟であった。この時、信濃川水系の千曲川決壊によって、北陸新幹線車両基地が浸水し一〇車両すべてが廃棄処分になったニュースは記憶に新しいと思う。

この大水害を受けて、国土交通省はこれまでの発想を大転換し、これからは「官が行う治水だけでは無理なので、みんなで取り組む『流域治水』という考え方を取り入れた治水にしていく」と提案し、河川法の一部改正を行った。台風一九号の猛威を経験し、とてもこれまでの治水ではやっていけないと実感したからに他ならない。

その後も次々と報道される気象状況は、目を疑いたくなるような降雨量である。台風の大型化だけではない。「一日五〇ミリメートルの雨量に耐えられる治水対策を！」などと言っていた時代はとうに過ぎ、一日の総雨量が一〇〇ミリメートルを超えることは珍しくなくなってきたし、線状降水帯の到来も各地で頻発している。

二〇〇六年（平成一八）、元アメリカ副大統領のアル・ゴア氏の映画『不都合な真実』が上映され話題になったのを覚えているだろうか。私は、環境仲間の水越雅子さんと共に、足立区での上映会を開催した。その時、最も印象に残ったのは、「地球温暖化は徐々に進むのではありません。ある時突然、地球に極端な変化をもたらし始めるのです」という言葉だった。そして「温暖化が引き起こす海水面の上昇や干ばつ期間の長期化、洪水の激化、より強烈な暴風雨、土壌劣化、大量の種の絶滅、新しい疾病がもたらす人間の健康上のリスクが予想される」と、あの時すでに指摘されていた。

私たちは今、地球上のあらゆる地域で、この極端な変化を見聞きし体験している。世界気象機関（ＷＭＯ）は二〇二一年（令和三）九月、暴風雨や洪水、干ばつといった世界の気象災害の数は過去五〇年間で五倍に増加したと発表した。私たちは、二〇二〇年（令和二）から新型コロナウイルスによるパンデミックさえ経験した。『不都合な真実』の指摘が、今現実になってしまったのだ。

❐緑の流域治水、ウェルビーイングな川づくりへの期待

ところで、最近日本でも『ウェルビーイングな川づくり』という言葉が、流行り始めているのをご存じだろうか。

二〇〇〇年（平成一二）、私はオランダ視察団に加えていただき、島谷幸宏さんや山道省三さんらと自然保全地の開発とポンプ場等を見学したことがあった。その時印象に残ったのが「レクリエーションを兼ねた開発」と「地球温暖化を計算に入れた設計」という言葉だった。当時の日本ではレクリエーションの為に税金を使ったら怒られたし、地球温暖化問題は、洪水流量の計算にまったく入っていなかった。あれから二十年遅れて、日本でもやっとレクリエーションや地球温暖化問題が川づくりの概念や設計上の計算に入ってきたのだ。

国は、これからは洪水で崩されたからと言って単純に堤防を嵩上げするのではなく、護岸を固いものにするのではなく、将来人々が楽しめる豊かな川づくりを見据えた「緑の流域治水」（リスク＋持続的で豊かな地域《ＳＤＧｓ》のマネジメント）を目指すと発表した。そして、誰

もが幸福で肉体的にも精神的にも社会的にも満たされた状態にあることを目的とする「ウェルビーイングな川づくり」を提唱し始めた。

あらかわ学会は、一九九六年（平成八）の設立当初から、その目的を「荒川に集う人々の健康で文化的な生活の実現に資すると共に、より良い川づくりをすることを目的とする」と決定して事業を進めてきた。この方向性は間違っていなかったのだと、いま改めて想う。

❐若者の声を聴こう

二〇二三年（令和五）一〇月六日、『気候変動アクション日本サミット２０２３』が気候変動イニシアティブの主催で行われた。

ラザン・アル・ムバラク（国連COP28気候変動ハイレベルチャンピオン）からの挨拶のほか、基調講演として、マーティン・スカンケPRI（責任投資原則）議長など、経済界も含めた世界のトップリーダーから、世界の平均気温上昇を１・５℃に押さえる為に、二〇三五年までに世界のCO_2を六五％削減する必要があり、実現に向けての活発な議論が行われていた。

私はWEB参加していたのだが、一番心に響いたのは、一九九五年生まれの佐座マナ（一般社団法人SWiTCH代表理事）さんの発言だった。二〇二〇年七月、一四〇ヵ国の環境専門の若者三三〇人が集まり、Ｍｏｃｋ ＣＯＰ26（模擬的なＣＯＰ）が開催された時に、彼女はアジア五二カ国のまとめ役として参加したそうだ。この活動は、COP26と各国首相に本格的な一八の政策提言を行い、世界的な注目を浴びた。彼女は、

「Z世代（一一〜二七歳位）は、世界の人口の四〇％もいます。そしてその世代は、（日本においても）ESG教育が義務化されている世代なんです。つまり、環境問題を解決しつつビジネスにするにはどうしたらよいかという視点を持った若者たちなんです」

「国連においても若者の意見を聞く席が設けられています。またイギリスでは、一一歳から一八歳による子ども国会が開かれています」

と発言していらした。日本でもこども家庭庁ができて、子ども・若者の意見募集が始まると聞いた。私が子どものころから願っていた「子どもの意見もちゃんと聴く」社会が近づいてきたのだろうか。大切に成長させていきたい。

❐荒川で泳ぎたい

荒川は、三〇年前に比べると緑豊かな、穏やかな表情の河川敷に変わってきている。なぜかというと将来像計画のリーディングプロジェクトに基づいて行われた「自然再生地の整備」やその後に行われた「福祉の川づくり」による土手の車いす用スロープの設置、生物多様性のため水際の前面に設置された「木工沈床」（写真）、堤防強化のために川側の土手を厚くした「緩

傾斜護岸工事」などが行われてきたからだ。河川敷には散策やジョギング、サイクリングに訪れる人々の数が増えている。特に二〇一九年（令和元）に始まった新型コロナウイルス感染症の流行下では、十分なソーシャルディスタンスの取れる、広々とした空間があるため、荒川河川敷をゆっくりと散歩する親子の姿が目立った。

しかし、川の中はどうだろう。最近では、水上スキーや水上バイクを操る人々の姿は見られるものの、昭和の初めのころのように、水泳を楽しむ人や手漕ぎボートやヨットを楽しむ人の姿は見られない。水質は良くなったというのになぜだろう。

実は、一九九四年（平成六）の荒川放水路通水七〇周年のころ、私は荒川下流河川事務所所長であった大平一典さんから、「お父さんのアルバムにあったように通水七〇周年記念として、荒川で泳いでみたらどうですか」と言われて、水質を調べてもらったことがあったのだ。すると どうだろう。泳げる水質の指標となる「ふん便性大腸菌群」が五〇〇〇個／一〇〇ml以上（一〇〇〇個以下が水浴場許可範囲）もあり、泳ぐのはとても無理と分かったのだった。それ以降は、「ふん便性大腸菌群」を荒川下流河川事務所の検査項目に加えてくれることとなった。

航走波による護岸の洗掘を防ぎ、葦原を醸成する「木工沈床」

それから待つこと三〇年、二〇二四年(令和六)度は、荒川放水路通水一〇〇周年だ。そこで、直近二年間の水質を教えてもらったところ、ふん便性大腸菌群は、一〇〇個とか二〇〇個台で一〇〇個/一〇〇㎖以下の日が多くなっていた。調査月に関係なく、唐突に一〇〇〇個を超える日もあったが、恐らく調査日前日の激しい降雨によるものであろう。泳げる可能性が出てきたのだ。

❐荒川放水路通水100周年

あらかわ学会では、通水100周年に向けて、すでに二〇二二年(令和四)七月にはキックオフ集会を開き、同一〇月には「荒川放水路通水100周年事業市民実行委員会」を発足させた。そこで私は、100周年事業の様々な提案の一つとして、「荒川遠泳大会の復活」を入れてもらう決心をした。

「泳げる荒川の復活」をするなら今しかない!と思ったのだ。なぜなら、私は父に水泳を教えてもらったお陰で海での遠泳大会を経験している。そして私の夫は、大学生時代から日本泳法の水府流太田派に学び、日本水泳連盟の日本泳法「範士」という資格を持っている。そして現在「霞ヶ丘游泳会」という日本泳法教室を主宰している。「霞ヶ丘游泳会」が那珂川で開催されている「水戸黄門まつり那珂川遠泳大会」にも五年前から参加を始めたので、私も一緒に参加させてもらっていた。潮の満ち引きの影響を受ける那珂川下流域で、三・五キロメートルを泳ぎ、伴走船や伴泳者のつく遠泳大会運営についても学ばせていただいていた。

だから、今始めて道筋を立てたならば、恒例行事にすることができ、「川中のウェルビーイング」が実現すると思ったのだ。

❐遠泳大会　泳ぐのはイノシシのコース！

通水100周年にあたる二〇二四年（令和六）に本格的に遠泳大会を始める為には、前年に川での遠泳経験がある方たちと実証をしてみないといけないと思った。水のにおいや味も、流れの強さや川底の状態も全く未知数だったからだ。船の手配も、すべて本番と同じようにやって見せなくてはいけない。

泳ぐコースは、小菅の足立区緊急船着場から、右岸の千住虹の広場と決めていた。なぜなら、二〇一九年の台風一九号の後に、足立区までやってきたイノシシが、小菅の河川敷で警察や国土交通省の職員らに追い立てられて荒川に飛び込み、なぜか上流対岸の「虹の広場」に上陸したからだった。

理由はそれだけではなかった。その翌年のこと、私の孫が「星の模様のサッカーボール」を小菅の船着き場で落っことした。私は「追いかけちゃダメ！」と泣きじゃくる孫を抱きよせ、

一緒にボールの行方を追った。すると、ボールはどんどん上流に向かって流れていくではないか。私が、

「去年出現したイノシシも、ここから飛び込んで泳いで行って、虹の広場で目撃されたんだって」

というと孫は、

「虹の広場に行ってみる!」

と言い出した。そこで急いで車を取りに行き、千住新橋を渡って実家に車を置き、土手を駆け上がって「虹の広場」まで行ってみた。岸辺を探すと、みごと「星の模様のサッカーボール」が、手の届く場所に着岸していたのだった。靴も手もぬらさずにボールを取ることができたのだ。まるで奇跡のような出来事だった。

虹の広場は、河口から二二キロメートルの地点にある。だから潮の影響を受けている汽水域に当たる。一日に二回、干満の差があり潮位が二メートルも変わるのだ。イノシシが飛び込んだ時も、サッカーボールが落ちた時も、満潮時に当たっていたのだろう。そしてその流れは、上流右岸に引き寄せられていることも分かった。

初年度に実施する遠泳コースは、ここしかないと思った。まるで亡くなった父が、「このコースなら安全だよ」と教えてくれたような不思議な感覚に襲われた。

遠泳大会は、九月二六日(土)大潮、満潮の始まる午後三時からと決まった。当日は、晴天だっ

た。心配していたのは、前日の大雨だったが、前線が静岡で止まり、荒川には一滴も降らなかった。

遠泳コースの全体を監視するパトロール艇二艇、泳者に寄り添う伴走艇二艇を伴って、いよいよ泳者十一名が、足からの飛び込みで次々に荒川に入っていった。先頭を夫、しんがりを私が務めて泳ぎ始めたのだ。

どこまでも続く青い空。目の前に広がる大河は、岸から見ていた時よりもずっと広い。潮の流れに引かれながら味わう荒川の水は無味無臭だった。ちくちくしたり、痒くなったりもせず、快適に泳げたので、正直ほっとした。

想像していたよりも満ち潮の流れが速く、橋脚付近では隊列が乱れ慌てたが、そこはベテランぞろいだったので直ぐに立て直し、ゴールの虹の広場に向かって泳ぎ続けた。

伴走船には、開会式で挨拶をいただいた荒川下

あらかわ遠泳プレ大会開会式（右から出口桂輔所長・筆者・鈴木誠氏）

流河川事務所の出口所長をはじめ、あらかわ学会監事の鈴木誠さん、出発会場の清掃と応援をかって出てくれた団体のスタッフが五～六名ずつ乗って応援し、見守ってくれた。対岸の虹の広場には、いつの間にか五〇名ほどの方たちが集まり、手に手にフラッグを持って応援している。上陸地点では、また別の団体のスタッフがデッキブラシで階段を掃除しておいてくれて、泳者の手を引いて上陸を助けてくれた。上陸すると、泳者十一名はマスコミに囲まれて、一人ひとりインタビューを受けた。何しろ八〇年ぶりかと思われる遠泳大会に、この数週間は千住の人々の話題も集中していたようだ。

後日談がある。スタッフの一人として活躍した水越雅子さんが、町会自治会の防災学習で小菅の水再生センターを見学に行ったところ、職員の方が開口一番に、「今日は皆さんに良い知らせがあるんです。実は今年の九月に荒川で遠泳大会が行われたんです

千住新橋下流の虹の広場に上陸　最後尾が筆者

よ。それだけ荒川の水質が良くなったということなんです」

と、うれしそうに語っていらしたということだ。

　ところで、父のアルバムは一九三八年（昭和一三）までで終わっている。前年に日中戦争がはじまり、一九四一年（昭和一六）には太平洋戦争が始まって若者たちが徴兵されていったからだ。

　八〇年かけてやっと水質が回復し、川中のウェルビーイングを標榜する『遠泳大会』が始まった。これが恒例化して永遠に続くためには、平和が続いていくことも大切なのだ。

　私たちは、通水一〇〇周年のキャッチコピーを「百年の想い１００年の未来」とした。みんなが幸せを享受できる『より良い荒川づくり』を目指していきたい。

泳ぎ終えた泳者 11 名とスタッフ

謝辞

多くの方から応援いただき、寄稿していただいて、この度初めての出版をすることができました。２０１９年の東日本台風（19号）は、日本の治水史上でも特筆すべき大災害でした。これによって「流域治水」という考え方が生まれ、政策が切り替わる転換点になったのです。

荒川放水路はこの１００年間、決壊することなく都会に住む私たちを守ってくれましたが、これからの１００年は私たちが主体となって私たちの命とまちを守っていかなければなりません。マモル君の様に良好な好奇心を持って、主体的に活動する子どもたちをこれからも支援していきたいと思っています。そしてバトンタッチしていきたいと考えています。

編集にあたっては、進藤和子さんに大いに励まされ、最後まで仕上げることができましたことを感謝しております。また、慣れないこととはいえ出版に至るまでずいぶんと長く時間がかかってしまったにも拘わらず温かく見守ってくださった、執筆者の皆様に心から感謝申し上げます。

そして最後になりましたが、私の活動をずっと支え協力してくれた夫と家族、そして多くの仲間に感謝して、この本を送り出したいと思います。

【参考文献】

1 「荒川流域を知る－１－」NPO 法人 水のフォルム /2009 年 3 月 31 日
2 「水害列島 日本の挑戦 －ウィズコロナの時代の地球温暖化への処方箋－」日経 BP 気候変動による水害研究会 /2020 年 11 月 24 日
3 「荒川放水路変遷誌 もっと知っておきたい荒川放水路の歴史と効果」国土交通省関東地方整備局荒川下流河川事務所 /2021 年 10 月 / 概要版 2021 年
4 「天明以来ノ大惨事明治 43 年水害と岩淵」北区飛鳥山博物館 /2012 年
5 「－北区子ども水害ブックレット－ もし、北区で水害にあったら」特定非営利活動法人あらかわ学会監修 /2016 年 11 月 1 日
6 「あらかわ文庫１ 荒川の舟運」特定非営利活動法人あらかわ学会歴史民俗委員会編集 /1999 年 3 月 31 日
7 「荒川堤の桜」東京農業大学出版会 鈴木誠監修 /2012 年 3 月 27 日
8 「まわってめぐって みんなの荒川」どうぶつ社 野村圭佑編・著 あらかわ学会自然環境委員会 /2000 年 6 月 14 日
9 「技師 青山士の生涯」講談社 高崎哲郎 /1995 年 8 月 10 日第 3 版
10「古老が語る明治 43 年の下町の大水害」下町タイムス社 岡崎柾男 /1995 年 7 月 28 日
11「荒川の治水翁 斎藤祐美」埼玉新聞社 斉藤祐美研究会 /2007 年 3 月 30 日
12「とびだせ荒川探検隊」荒川百科編集委員会（国土交通省関東地方整備局荒川下流河川事務所）/2001 年第 3 版
13「荒川読本」国土交通省関東地方整備局荒川上流河川事務所 /2008 年 3 月 1 日
14「荒川新発見」東京新聞出版局 荒川取材班・井出孫六 /2002 年 3 月 15 日
15「首都水没 文春新書 980」文藝春秋 土屋信行 /2014 年 8 月 20 日
16「水害列島 文春新書 1227」文藝春秋 土屋信行 /2019 年 7 月 20 日
17「水害 治水と水防の知恵」関東学院大学出版会 宮村忠 /2010 年 3 月 15 日
18「荒川放水路物語」新草出版 絹田幸恵 /1990 年 11 月 10 日
19「荒川 -169 キロのみちのり」毎日新聞浦和支局編 /1996 年 2 月 1 日

【著者紹介】

三井　元子（みつい　もとこ）

白百合学園高校、学習院大学哲学科美学美術史卒。
NPO 法人あらかわ学会副理事長兼事務局長。
NPO 法人エコロジー夢企画理事長、元（一般社団法人）経済調査会理事、（公益社団法人）日本河川協会理事
著書に童話「野うさぎジニーの大事な歯」、監修書に「扇大橋お散歩マップ」、「花畑運河の今昔ー荒川放水路の歴史・産業遺産ー」
平成 25 年度「地球温暖化対策防止活動」環境大臣賞受賞
環境省登録 環境カウンセラー

イノシシが泳いできた荒川

2024 年 5 月 8 日 初版第 1 刷
2024 年 6 月 12 日 初版第 2 刷

著　者　三井　元子

発行者　浜田　和子
発行所　株式会社 本の泉社
〒 160-0022 東京都新宿区新宿 2-11-7 第 33 宮庭ビル 1004
電話：03-5810-1581　FAX：03-5810-1582
mail@honnoizumi.co.jp ／ http://www.honnoizumi.co.jp
編　集／進藤　和子
DTP／明間　友里
装　丁／相澤　則子
印　刷・製　本／株式会社 ティーケー出版印刷

 // ISBN978-4-7807-2259-8